U0256192

内容简介

　　本书共分四个部分，第一部分主要介绍了奶牛疫病综合防控措施；第二部分详细叙述了牛场消毒技术，包括牛场常用消毒因子及使用方法，消毒原则，进出牛场人员和车辆消毒、生产区和生活区的消毒、粪污和尸体无害化处理等涉及消毒的操作技术及消毒效果评价措施，总结了奶牛场消毒的常见问题；第三部分介绍了奶牛场疫苗选择的原则和使用方法及注意事项，免疫效果的评估和影响免疫效果的因素，而且结合国内外奶牛疫苗的使用情况提出了规模化奶牛场参考免疫程序；第四部分简要介绍了实验室常用检验技术。

现代养殖场疫病综合防控技术丛书

奶牛场 消毒与 疫苗使用技术

朴范泽　周玉龙　主编

中国农业出版社

本书编写人员

主　编　朴范泽（黑龙江八一农垦大学）

　　　　周玉龙（黑龙江八一农垦大学）

副主编　刘　宇（黑龙江省兽医科学研究所）

　　　　丛彦龙（吉林大学）

参　编　毛文斌（新疆天康饲料科技有限公司）

　　　　于长青（中国农业科学院哈尔滨兽医研究所）

　　　　朱洪伟（中国农业科学院特产研究所）

　　　　汲庆杰（肇东伊利乳业有限公司）

　　　　谭海东（大庆市动物疫病预防与控制中心）

　　　　佟海山（杜尔伯特蒙古族自治县动物卫生监督所）

前 言
Preface

　　奶牛标准化规模养殖是奶业发展的必经之路，也是我国奶牛养殖业发展到一定阶段的必然要求。目前，规模化养殖正处于快速发展和转型阶段，各种矛盾和问题凸显，特别是疫病防控形势依然严峻。奶牛规模化养殖普遍存在养殖数量大、饲养密度高、运动范围小、流动频繁、发病率高、疾病传播快等特点，使得牛群发生疫病的风险明显增加。暴发疫病不仅会对奶业发展造成巨大损失，也严重威胁人类安全，如布鲁氏菌病、结核病、炭疽、破伤风等严重威胁人的生命和健康。因此，做好奶牛场疫病防控对保障畜牧业健康发展和维护公共安全具有重要意义。

　　现代牧场疫病防控的关键是做好生物安全，特别是做好消毒和免疫预防工作。虽然有的牛场对消毒和免疫预防工作很重视，也在具体工作中耗费了很多的人力、物力和财力，但没有达到理想效果。其中主要原因是消毒和免疫工作不够规范，存在诸多误区。针对上述问题，本书将兽医消毒知识与奶牛饲养过程中生物安全控制环节有机结合，并引入常用的新型高效消毒剂和消毒方法，对目前奶牛疫苗规范化使用及注意事项进行了详细阐述。同时，基于国内奶牛用疫苗产品种类有限，根据国内和国外奶牛疫病流行的实际情况，介绍了一些国外奶牛常用疫苗的特征及使用方法，并结合生产实践，重点总结了奶牛场消毒和疫苗使用过程中存在的问题，为消毒技术和疫苗使用技术在奶牛生产中的推广应用提供技术支持。

　　本书主要针对现代牧场和养殖户、基层兽医技术人员以及企业技术培训，内容系统、层次鲜明、语言通俗易懂，与生产结合紧密，可操作性强，是奶牛疫病防控的作业指导用书。

目 录
Contents

前言

一、奶牛疫病综合防控

（一）奶牛生产方式的转变与主要问题

1. 生产方式的转变

规模化养殖是奶牛养殖发展到一定阶段的必然要求，目前奶牛规模化养殖正处于一种快速发展和转变的阶段。我国传统的分散养殖已经不适应现在经济发展的需要，以"小、散、低"为特征的散户养殖存在着很多弊端，特别是一些先进的养殖技术和管理技能无法得到应用，标准化生产无法实现，而且资源利用效率和劳动生产率低，无法满足乳业社会化大生产的需求。因此，规模化养殖是进行现代化、标准化养殖的一个过程，而推行奶牛养殖标准化是转变奶业经济发展方式的关键举措，是奶牛养殖业可持续发展的根本保障。发展规模化奶牛养殖场是奶业发展趋势，不仅可以提高养殖水平、增加奶牛单产、降低饲养成本，还能改变分散养殖给农村环境带来的影响，最重要的是，可以更好地保证乳品质量。目前，国内已经出现了多种形式的规模化养殖模式，正不断向标准化生产模式转变。

（1）标准化养殖小区模式 标准化养殖小区模式主要适用于散养比例大、较难在短时间内实现规模化的地区进行的奶牛养殖。该模式由养殖小区内提供牛舍，然后进行"统一饲养管理、统一遗传改良、统一疫病防治、统一机械挤奶、统一技术设备"的五统一饲养。一般以政府主导为主，为奶农创造合适的饲养条件和场地等，将该地区的广大奶农逐步引导到规模化养殖的轨道上来。

（2）乳品企业自建牧场模式 乳品企业自建牧场是在目前我国原料奶短缺、奶源基地建设滞后、原料奶质量仍有待提高的背景下，为保障奶源安全，由大型乳品企业在各地政府的吸引下所建的企业自己的牧场。在香港成功上市的现代牧业是这方面典型的代表，目前现代牧业在全国已经建立 16 个自己的牧场。

(3) 规模化家庭牧场模式 规模化家庭牧场模式在规模化养殖中所占比例较小，基本上都是经过多年的经营而达到一定的养殖规模，有一定的再扩大和投资能力的养殖户逐步发展起来的。这种牧场模式一般规模不太大，以 100～300 头较多见，虽然现代化程度及奶牛的单产和生产状况并不是十分占优，但是由于资源的合理配置和集约化的经营管理，从而降低了管理成本，提高了资源利用效率，并产生规模效益。这种养殖模式在国内仍将较长时间存在，并将逐步发展壮大。

(4) 奶联社模式 "奶联社"是介于牧场和散养模式的一种养殖模式，它解决了建设牧场需要的巨大资金和土地投入，使农民能够从奶牛养殖中受益。这种模式是由一些有一定经济实力的人或企业，先建设好一定的基础设施，然后通过一定的途径吸纳散养户的奶牛，奶农以入股分红、保本分红、固定回报、合作生产等多种形式入社（最常见的是奶农把奶牛以作价入股的方式入社），然后持股保本分红，每年享受一定比例的分红，从而一步到位实现规模化养殖、集约化经营的养殖方式。

(5) 奶农专业合作社模式 奶农专业合作社模式需要政府的大力支持，包括各种免税政策、土地规划、优惠贷款、补贴等多种形式的支持，然后由奶农中的佼佼者牵头，动员奶农自愿入社，以股份合作为纽带、以建立利益联结为机制，将散养户纳入规模化养殖的一种养殖模式。

(6) 外资企业建场养殖模式 是由像雀巢、恒天然等这样的世界乳业巨头，直接在我国投资建设的大型现代化牧场，是 2010 年开始出现的一种新养殖模式。这些乳业巨头，看准我国巨大的乳品消费市场，从过去大量进口奶粉占领市场，到现在开始在我国境内建设规模化牧场，启动从奶牛养殖到乳品加工，再到乳品销售的全产业链运作。

（7）**托牛所模式**　这种养殖模式是有一定资金能力的公司或个人建立托牛所后，免费提供农户牛舍进行托养或自养，但要求所有奶牛统一到挤奶站进行机械榨乳。"托牛所"解决了农户受技术、场地等条件的限制而无法扩大奶牛养殖的难题，吸引了农户将手中的闲散资金投向奶牛产业，实现了有限资金的有效利用和良性循环，将相对分散的养殖户联结成为比较稳定的养殖联合体，实现规模效益；通过规模化养殖，集中榨乳，鲜奶价格高于普通机榨乳 10%，榨乳站管理费用也得到提高，实现了奶站和奶农的双赢。

2. 疫病防控存在的主要问题

规模化养殖普遍存在养殖数量大、饲养密度高、运动范围小、流动频繁、发病率高、疾病传播快等特点。从目前养牛场（区）自身对疫病的防治情况来看，存在的突出问题主要有如下几方面。

（1）**人员综合素质有待提高**　规模化奶牛场成败的关键是管理水平。管理人员的素质、技术人员和饲养人员对养牛技术掌握的熟练程度，是奶牛生产性能得到充分发挥、牛群良好的生长发育和高成活率的根本保证。目前，奶牛场普遍存在防疫人员短缺、总体文化素质不高、技术落后，与现代科学管理和科技发展水平不相适应，从而导致对生产指导不力，发挥不了技术指导和服务作用。

（2）**饲养场所不符合防疫要求**　一些规模化奶牛场建设布局、设施设备不符合动物防疫的要求，生产区与生活区、工作区、外宾接待区，不能有效地隔离，且生产区未设疫（疾）病隔离观察治疗区，很容易导致疫病的发生、传播；饲养圈舍、奶牛场出入口未设立消毒设施，或消毒设施不符合防疫要求，达不到消毒防疫的目的；防疫、隔离、消毒及无害化处理等设施不完善，奶牛场的管理制度也不规范。

（3）**环境卫生和消毒不到位**　奶牛场良好的环境卫生和严格的消毒制度是降低奶牛常见病如乳房炎、子宫内膜炎和腐蹄病等发病率的有效措施，是预防传染病的有效手段，对于提高牛群的整体健康水平、增加经济效益具有重要意义。但是，一些奶牛场没有完善的卫生消毒制度，而且在消毒过程中也存在一些问题：不注重牛体卫生；兽医操作不规范，常忽视去角、注射、接产、榨乳等操作时的消毒。

（4）疫苗来源复杂、免疫程序混乱 奶牛场所用疫苗来源复杂，除有少部分向动物防疫主管部门订购、需时领用，大部分奶牛场都是自行购买，从而不能保证疫苗质量或者冷链环节合格。规模化奶牛场牛群主要防疫注射的是口蹄疫疫苗，注射密度要达到100％，在注射疫苗时应对每头牛登记造册，详细记录牛群的免疫情况。但大多数牛场都做不到，常出现免疫程序混乱、免疫密度高低不一、多免或漏免现象严重、免疫记录不全。

（5）奶牛引进管理制度不严格 对于新购进的奶牛没有经过严格检疫就直接混群饲养，往往会引起病牛对健康奶牛的传染。

（6）重治疗轻预防 奶牛场亏损的重要原因之一是奶牛疾病或死亡，对奶牛危害大的疾病有乳房病、生殖系统疾病、营养代谢病、四肢疾病等。必须加强饲养管理，注重平时的预防保健，减少疾病的发生。

（7）重泌乳期，轻干乳期 干乳期是整个奶牛泌乳周期中的一个重要时期，这个时期如果不及时保健、调整，一旦进入下一个泌乳期产奶量会大幅下降，而且对以后的各胎次都会有不利影响，因此在干乳期前一定要做好隐性乳房炎等疾病的检查和治疗，加强干乳期的保健，尽量降低奶牛的发病率，确保奶牛的健康生产。

3. 疫病流行状况

（1）疫病种类增多 随着奶牛饲养数量不断增多、国际贸易频繁、牛群流动广泛、疫病监测和控制不力等众多因素，使得牛疫病尤其病毒性传染病旧病未除，新病不断出现和流行。当前常发的疫病有口蹄疫、轮状病毒感染、冠状病毒感染、恶性卡他热、牛流行热、大肠杆菌病、沙门氏菌病、布鲁氏菌病和副结核病等，呈世界性分布，各国发生程度不同。同时，新的病毒性传染病如心水病、中山病、赤羽病、牛病毒性腹泻/黏膜病、茨城病、牛传染性鼻气管炎等开始流行，其中牛病毒性腹泻/黏膜病和牛传染性鼻气管炎已成为危害我国奶牛业的重要疫病。

（2）牛源性人兽共患病危害严重，公共卫生问题日益严峻 一些常见的牛源性人畜共患病如布鲁氏菌病、结核病、炭疽、弯曲杆菌性腹泻、沙门氏菌病、钩端螺旋体病、Q 热等严重威胁人类的健康和食品安全。我国是全球结核病最严重的国家之一，在人结核中 13％病原菌来自牛分支杆菌，人、牛结核病的交叉传播是造成我国结核病流行的重要原因之一。近年，我国布鲁氏菌病个别牛群阳性率高达 60％以上。布鲁氏菌病、结核病依然是危害我国牛群和社会环境安全的重要疫病。

（3）多病原混合感染增多，耐药性问题日益严重 多病原的多重感染或混合感染已成为牛群中普遍存在的问题，其中犊牛腹泻、牛子宫内膜炎、牛乳房炎和牛呼吸道综合征是典型代表。引起犊牛腹泻的常见病原有大肠杆菌、沙门氏菌、轮状病毒和冠状病毒等；引起牛乳房炎和子宫内膜炎的病原较常见的有 27 种，其中细菌 14 种，支原体 2 种，真菌和病毒 7 种；引起牛呼吸道综合征的病原主要有牛呼吸道合胞体病毒、副流感病毒 3 型、黏膜病病毒和牛传染性鼻气管炎病毒、支原体、多杀性巴氏杆菌、溶血性曼氏杆菌、化脓性隐秘杆菌、肺炎链球菌等。当疾病发生时，常常是两种以上的病原共同作用。加之细菌耐药性增强，耐药性菌株增多，造成病牛的诊断和防治难度加大。

（4）在低洼的湿地放牧，梭菌类疾病和猝死症的发病率升高 在洪水泛滥、降水量增多的季节，一些在低洼湿地放牧的牛群中患炭疽、恶性水肿、牛产气荚膜梭菌、肠毒血症的病例明显增加。其中，炭疽的发生严重威胁人类的健康。畜牧行政部门和奶牛饲养场及饲养人员应引起足够的重视。

（5）繁殖障碍和肢蹄病发病率高，危害加重 迄今为止，繁殖障碍一直是困扰养牛生产的一大难题。牛繁殖障碍的病因众多，大致分为传染性因素和非传染性因素。传染性疾病曾是发生繁殖障碍的重要因素，而现在非传染性因素已成为繁殖障碍的主要病因。非传染性因素主要包括饲养管理不当（占 30％～50％）、生殖器官疾病（占 20％～40％）、繁殖技术失误（占 10％～30％）。随着规模化养殖密度增大、泌乳量增高等因素，奶牛繁殖障碍日趋严重，除屡配不孕以及生殖器官疾病如卵巢静止、卵巢机能不全、排卵延迟、持久黄体、卵巢囊肿和子宫内膜炎等明显增加外，最突出的特点是产后60～90天乏情极其普遍。泌乳量越高，返情问题越严重，高达70%以上，造成奶牛产后发情延迟到120天以上，甚至更长，极大地降低了奶牛繁殖力。另外，肢蹄病种类多，常见的有蹄叉腐烂、蹄底溃疡、蹄叶炎、腐蹄病、犊牛多发性关节炎、蹄变形和骨营养不良等；病因复杂，涉及营养、管理、环境、遗传、疾病等因素。国外发病率为4.75%～30%，国内个别牛场发病率高达30%以上。国内外将肢蹄病与牛乳房炎和不孕症列为奶牛急需解决的三大主要疾病。

(6) 围产期营养代谢病日趋严重　围产期是高产奶牛发病高峰期，奶牛一生约70%的疾病发生在此期。此期主要代谢病有酮病、脂肪肝和生产瘫痪，这些代谢病的发生与精料饲喂过多，干物质摄入减少所致的机体能量、钙的负平衡密切关联。当前，尽管临床型的酮病、脂肪肝和生产瘫痪及瘤胃酸中毒明显减少，但是亚临床病例日益增多。国内外高产牛群亚临床的酮病、脂肪肝可达30%以上，亚急性瘤胃酸中毒可达20%以上，亚临床低血钙症可达60%以上，泌乳量越高亚临床病例也越多。由于围产期营养与机体代谢、内分泌和免疫功能之间存在着内在联系，围产期奶牛代谢紊乱可导致级联效应，使感染性疾病、其他疾病发生率升高，从而造成繁殖力降低、产奶量下降等一系列问题。

(7) 犊牛腹泻综合征、母牛呼吸道综合征和繁殖障碍综合征日趋严重　在我国，牛冠状病毒感染、牛轮状病毒感染、牛肠道病毒感染、牛病毒性腹泻/黏膜病、牛产肠毒素性大肠杆菌病和犊牛沙门氏菌病等疾病引起的犊牛腹泻综合征；牛传染性鼻气管炎、牛呼吸道合胞体病毒感染、牛副流行性感冒、牛巴氏杆菌病（肺炎型）和牛化脓性隐秘杆菌感染等疾病引起的牛呼吸道综合征；牛布鲁氏菌病、牛生殖道弯曲杆菌病、Q热、牛地方流行性流产等疾病引起的繁殖障碍综合征，在局部地区呈流行性或地方流行性。这些疾病严重威胁奶牛业的健康发展。

（二）奶牛疫病防控的主要措施

1. 环境控制

（1）温度 奶牛的生物学特性是相对耐寒而不耐热。奶牛舍应能保温隔热，舍内温度应满足奶牛不同群的要求，以降低牛群发生疫病的概率。一般要求大牛舍控制在 5～31 ℃，较佳生产区温度为 10～15 ℃；小牛舍 10～24 ℃，最佳 17 ℃。泌乳牛舍温度高于 24 ℃或低于－4 ℃，不但产奶量减少，而且会因应激而发生疾病。顶棚和地面附近温差不能超过 2.5～3 ℃，墙内表面与舍内平均温差不超过 3～5 ℃，墙壁附近与舍中间温差不超过 3 ℃。

冬、春季泌乳奶牛饮水温度应维持在 9～15 ℃，禁止饮冷水。用麸皮水代替饮水，且温度高于体温 1～2 ℃，有补充体液、温暖身体之效。犊牛体温比成年牛高，所以饮水温度应比成年牛高，一般以 35～38 ℃为宜。犊牛人工哺乳时，无论初乳或常乳，都应在加热消毒之后冷却至 35～37 ℃时喂给，偏高或偏低都有不良影响。在北方部分地区，奶牛饲养要注意冬、春季的防寒保温工作，以确保奶牛饲养安全和效益。

（2）湿度 相对湿度高，犊牛舍中的病原菌就易于繁殖存活，病原菌进入肺部，易引起肺炎等呼吸系统疾病。犊牛舍中粪尿分解形成的氨气会增加感染机会，温度越高，粪尿中产生的氨气越多。此外，相对湿度较高，会减少动物蒸发降温的效果，从而提高了夏季的热应激。目前，还难以确定影响动物正常生产的相对湿度的精确指标。建议犊牛舍的相对湿度保持在 50%～70%，成乳牛舍内相对湿度保持在 25%～75%，相对湿度不应高于 80%～85%。

（3）通风 炎热夏季通风可以起到防暑降温、保湿作用，冬季通风可以起到降湿、降氨的作用。但是在北方，通风、温度和湿度之间的矛盾很难解决，所以一定要保持适度通风，以保证舍内的温度。冬季气流速度不应超过 0.2 米/秒。

（4）消毒 消毒是利用物理、化学或生物学方法清除或杀灭外界环境中的病原微生物及其他有害微生物，而达到无害程度的过程。消毒是兽医卫生防疫工作中的一项不可或缺的工作，是预防和扑灭传染病的重要措施。在目前集约化、规模化养殖业迅速发展之际，消毒工作显得特别重要，已成为畜产品生产和人类健康安全必不可少的关键措施之一。

2. 免疫预防

疫苗是将病原微生物（如细菌、立克次氏体、病毒等）及其代谢产物，经过人工减毒、灭活或利用基因工程等方法制成的用于预防传染病的自动免疫制剂。疫苗保留了病原菌刺激动物体免疫系统的特性。当动物体接触到这种不具伤害力的病原菌后，免疫系统便会产生一定的保护物质，如免疫激素、活性生理物质、特殊抗体等；当动物再次接触到这种病原菌时，动物体的免疫系统便会依循其原有的记忆，制造更多的保护物质来阻止病原菌的伤害。对畜群（易感动物）实施免疫接种时，其免疫密度达到一定程度后（即使达不到100%），这种传染病就难以流行。因此，对易感动物进行疫苗免疫是防传染病的一种有效的手段，也是保障人兽健康的必要条件。许多国家借助生物制品控制或消灭了很多危害严重的动物传染性疾病，如牛瘟、牛肺疫。

3. 科学饲养管理

随着我国奶牛集约化、规模化的迅速发展，奶牛饲养密度增加；多种病毒与细菌共感染，部分病原体经常发生遗传变异，出现新的毒株和新的血清型；新的病毒也不断地出现；加之饲养环境的严重污染；饲料中霉菌毒素的存在；滥用抗生素，引发"超级细菌"的出现；不合理、不科学地乱用疫苗，造成免疫失败；以及各种应激因素的存在，导致牛体长期处于免疫抑制与亚健康状态，非特异性与特异性免疫力低下。这不仅使牛病的发生越来越严重、复杂，而且增大了防控疾病的难度。因此，一定要改变旧观念，树立正确的动物疫病防控思想，在动物疫病防控中要坚持"管重于养，养重于防，防重于治，综合防控"的原则，才能做好重大疫病的防控工作，保障食品安全与人类健康。

加强科学的饲养管理，重点要搞好"三管"。

（1）管理好人员 规模化的牧场，需要管理者设计科学合理有效的组织机构，组织合适的人员做好牧场各方面的工作。要以人为本，关心职工生活与福利，学习技术，组织培训；建立科学的奖惩制度，进行企业文化建设，培养每一个人的爱心和责任。保证能够使每个员工做到各尽其职，严格执行各项规章制度。

（2）管理好牛群 生产过程中要数字化管理，技术操作要程序化、规范化、标准化管理。建立完善的牧场信息管理系统与奶牛疾病监控制度。认真执行"奶牛重大疫病检疫与防疫规程""产犊与接产规程""犊牛护理规程""新产牛护理规程""挤奶操作规程""干奶操作规程""蹄浴与蹄病预防规程""奶牛疾病诊疗规程""奶牛的驱虫规程"和"奶牛繁育管理规程"。

（3）管理好饲养环境 严格执行日常的卫生消毒制度，及时清除牛舍内外的各种污物、杂物、污水、杂草等，定期消毒，建沼气池，污染物和动物尸体无害化处理。只有坚持对牛场的消毒，改变生态环境，搞好生物安全各项措施的落实，才能保障动物健康生长，减少疾病的发生。

4. 药物保健

奶牛药物保健主要注重预防妊娠期流产、产后败血症、子宫内膜炎、泌乳期奶牛乳房炎、干乳期停乳和新生犊牛腹泻等。采用的药物主要有中药、微生态制剂、细胞因子和抗生素类药物。

（1）合理用药 近年来，奶业生产迅速发展，但奶牛用药中的耐药性、抗生素残留等问题日益严重，正确合理地使用兽药关系着奶业的持续健康发展。奶牛养殖场户要合理、安全用药，需注意以下几点：

① 坚持"两少"原则 即少用抗生素，使用抗生素奶牛的牛奶投药后 72 小时内禁止出售；少打针，奶牛比较敏感，打针时应激反应大，产奶量会有所下降。

② 保证"三个选准" 选准用药时间，可提高治疗效果。从生产周期来讲，治疗奶牛疫病尽量在干奶期做；选准药物是奶牛养殖场兽医综合控制全场疫病的关键，兽医选择药物应符合《中

华人民共和国兽药典》和《中华人民共和国兽药规范》规定的药物，使用消毒防腐剂对饲养环境、厩舍和器具进行消毒；选准给药途径，药物作用不仅与剂量、剂型有关，还与正确的给药途径有关。

③ 保证"三个禁止"　禁止不按量用药、禁止乱配药物和禁止重复用药。

④ 注意两个阶段　即泌乳期禁止使用抗生素及磺胺类药物、抗寄生虫药和生殖激素类药，避免产奶量下降和牛奶药物残留；妊娠期孕牛慎用全麻药、攻下药、驱虫药、前列腺素、雌（雄）激素，也禁用缩宫药物如催产素、垂体后叶素、麦角制剂、氨甲酰胆碱、毛果芸香碱，还有中药的桃仁、红花等。

⑤ 防止药物过敏　能引起奶牛药物过敏的一般只有抗生素类药物，所以在给患病奶牛注射青霉素或链霉素等药物后，应注意细心观察，并做好急救准备。

(2) 保健预防

① 中药制剂　中草药饲料添加剂能增强奶牛泌乳调节机能，起到增乳作用；增强奶牛免疫功能，提高细胞免疫及体液免疫水平，提高动物机体免疫力及抗病能力；调节奶牛生殖内分泌机能，促进了母牛产后生殖系统恢复，缩短空怀期，缩短母牛产犊间隔；改良畜禽产品品质，减少动物源性食品污染。中草药是最早应用的纯天然物质，具有抗病毒、抗菌、抗寄生虫、抗应激、增加维生素和矿物质及增强免疫等作用，而且中草药来源广泛，价格低廉，毒副作用小，不易产生耐药性，不污染环境，已成为绿色畜牧的新主题。

② 微生态制剂　微生态制剂具有无毒副作用、无残留、无抗药性、成本低、效果显著等优点，越来越受到世人的关注。按微生物种类划分为：

A. 乳酸菌类微生态制剂　此菌属肠道中正常菌群，目前应用的主要有嗜酸乳杆菌、粪链球菌、双歧乳杆菌等。

B. 芽孢杆菌类微生态制剂　此菌属在动物肠道微生物群落中

仅零星存在。目前，应用的菌种主要有短小芽孢杆菌、枯草芽孢杆菌、蜡样芽孢杆菌等。

C. 酵母微生态制剂　零星存在于动物肠道微生物群落中。目前，应用的菌种主要有酿酒酵母和石油酵母等。

D. 复合微生态制剂　由多种菌复合配制而成，能适应多种条件和宿主，具有促进生长、提高饲料转化率等多种功能。微生态制剂在奶牛生产中具有提高产奶量，改善乳品质提高乳脂率、乳蛋白率、乳糖率和干物质含量，提高生长性能，提高营养物质消化率，增强机体抵抗力，降低乳房炎发病率，调控消化道微生物、预防腹泻等功能。

③ 细胞因子制剂　细胞因子是机体对感染应答的天然调节剂，并构成了机体复杂的免疫调节网络，可激活奶牛机体的天然防御功能，在奶牛乳腺的非特异性免疫和特异性免疫过程中发挥着重要的作用。因此，应用于奶牛乳房炎的各种生物制品和生物疗法应运而生，如重组牛白介素 2、重组牛巨噬细胞集落刺激因子、重组牛干扰素 γ、肿瘤坏死因子、重组牛可溶性 CD14 等，其中细胞因子有便于通过重组 DNA 技术大量生产、半衰期短、乳汁中残留量少、使用剂量小、生物活性高等优点，成为非抗生素疗法中的研究热点，有望成为人们控制奶牛乳房炎的安全有效而实用的新途径。

（三）疫病监测及暴发疫情后的处理措施

1. 疫病监测

目前，用于疫病监测使用最广泛的方法是 ELISA，大多数常见疫病（口蹄疫、结核病、布鲁氏菌病、病毒性腹泻/黏膜病等）都有商品化的检测试剂盒供选择，该方法灵敏度高、操作简便、快捷，适合大量样本的检测。试管凝集试验可用于布鲁氏菌病的抗体检测。变态反应诊断方在生产上仍然被广泛用于结核病和副结核病的检疫。分子生物学诊断方法如 PCR 和 RT - qPCR 技术已经非常成熟，可以用于疫病的快速诊断。另外，也可以定期对病死牛进行病原学检测，如进行细菌分离鉴定，通过分离的致病性细菌进行药敏试验，选择敏感药物进行药物预防及保健，可以避免长期使用某种药物产生耐药性，也可避免乱用药的现象。

2. 暴发疫情后的处理措施

（1）隔离封锁 发现疑似传染病病牛，应立即隔离。隔离期间继续观察诊断。对隔离的病牛要设专人饲养，使用专用的饲养用具，禁止接触健康牛群。发生危害严重的传染病时，应报请政府有关部门划定疫区、疫点，经批准后在一定范围内实行封锁，以免疫情扩散，封锁行动要果断迅速，封锁范围不宜过大，封锁措施要严密。

（2）上报疫情 发现应该上报疫情的传染病时，应及时向上级业务部门报告疫情，详细汇报病畜种类、发病时间和地点、发病头数、死亡头数、临床症状、剖检病变、初诊病名及已采取的防制措施。

（3）临时消毒 对病牛所在牛舍及其活动过的场所、接触过的用具进行严密的消毒。病牛污染的饲料经消毒后销毁，病牛排出的粪便应集中到指定地点堆积发酵和消毒。同时对其他牛舍进行紧急消毒。

（4）紧急接种 对同牛舍或同群的其他牛要逐头进行临床检查，必要时进行血清学诊断，以便及早发现病牛。对多次检查无临床症状、血清学诊断阴性的假健牛要进行紧急预防接种，以保护健康牛群。

（5）无害化处理 对死亡病畜的尸体要按防疫法规定进行无害化处理销毁，采取焚烧或深埋。对严重病畜及无治疗价值的病畜应及时淘汰处理，消灭传染源。对于烈性传染病的动物粪便及其污染物应随同尸体一起进行焚烧或者深埋处理，如炭疽。对于一般传染病的动物粪污应采取生物热发酵或者化学消毒液消毒处理，防止病原扩散。

二、消毒技术

我国奶牛养殖业从分散、个体经营逐渐向大规模、集约化方向发展，疫病的防治，特别是传染病的防治对奶牛养殖业发展至关重要。控制畜禽传染病的发生和流行需要采用多种措施，其中消毒是一项重要措施。

根据消毒目的不同可以分为：

（1）预防性消毒　也称常规消毒，是指未发现传染源情况下，对可能被病原体污染的物品、场所和牛体进行消毒措施，如牛舍运动场、饲料间、更衣室、隔离室消毒，运输工具消毒，饮水及饲槽消毒等。特别是当邻近有传染病的发生或受到传染病威胁时更要加强。

（2）随时消毒　是在传染病已经发生时，为了防止病原的积聚和散布而随时进行的消毒。

（3）终末消毒　是在疫情发生后，封锁解除时，对其饲养环境及运动场所进行的彻底消毒，以期将传染病所遗留的病原微生物彻底消灭。宜用高效消毒剂，并考虑加大使用浓度和密度。

根据消毒的方法不同可以分为：

（1）物理消毒法　是指应用过滤、高热、辐射、微波、红外线与激光、紫外线与超声波、冷冻、干燥、通风和过滤除菌等物理因素杀灭、消除环境中及动物体表病原微生物或有害微生物，或抑制其生长繁殖的方法。

（2）化学消毒法　利用化学药物杀灭病原微生物的方法称化学消毒法。用于消毒的化学药物称化学消毒剂。化学消毒剂从状态上可分为液体消毒剂、固体消毒剂和气体消毒剂三大类，从杀菌作用可分为高效消毒剂、中效消毒剂、低效消毒剂。

（3）生物消毒法　利用某种生物来杀灭或清除病原微生物的方法称为生物消毒法。如粪便和垃圾的发酵，利用嗜热细菌繁殖产生的热量杀灭病原微生物。

按杀灭的微生物对象把消毒剂分为以下几类：

A. 灭菌剂　可杀灭一切微生物使其达到灭菌要求的制剂。包括甲醛、戊二醛、环氧乙烷、过氧乙酸、过氧化氢、二氧化氯等。

B. 高效消毒剂　指可杀灭一切细菌繁殖体（包括分支杆菌）、病毒、真菌及其孢子等，对细菌芽孢也有一定杀灭作用，达到高水平消毒要求的制剂。包括含氯消毒剂、臭氧、甲基乙内酰脲类化合物、双链季铵盐等。

C. 中效消毒剂　指仅可杀灭分支杆菌、真菌、病毒及细菌繁殖体等微生物，达到消毒要求的制剂。包括含碘消毒剂、醇类消毒剂、酚类消毒剂等。

D. 低效消毒剂　指仅可杀灭细菌繁殖体和亲脂病毒，达到消毒剂要求的制剂。包括苯扎溴铵等季铵盐类消毒剂、氯己定（洗必泰）等二胍类消毒剂，汞、银、铜等金属离子类消毒剂及中草药消毒剂。

微生物对化学因子抵抗力的排序为：感染性蛋白因子（牛海绵状脑病病原体）→细菌芽孢（炭疽杆菌、梭状杆菌芽孢等）→分支杆菌（结核杆菌）→革兰氏阴性菌→真菌→无囊膜病毒或小型病毒（口蹄疫病毒→猪水疱病病毒→传染性法氏囊病毒等）→革兰氏阳性菌繁殖→有囊膜病毒或中型病毒（猪瘟病毒→新城疫病毒→禽流感病毒等）。

（一）牛场常用消毒因子及使用方法

1. 过氧化物类消毒剂

有强氧化能力，各种微生物对其十分敏感，可将所有微生物杀灭。这类消毒剂包括过氧乙酸、过氧化氢、二氧化氯和臭氧等。它们的优点是消毒后在物品上不产生残余毒性，但由于化学性质不稳定，需要现用现配，且因其氧化能力强，高浓度时可刺激损害皮肤黏膜、腐蚀物品。其中，过氧乙酸的杀菌能力最强，使用最广泛。

（1）过氧乙酸 过氧乙酸气体和溶液都有较强的消毒杀菌作用，是一种高效灭菌剂。如果采用喷雾消毒，应使雾粒均匀地覆盖于消毒物品表面，雾粒越小，消毒效果越好，过氧乙酸溶液喷雾后，液滴会部分或全部挥发成蒸汽，也能有效地杀灭微生物。

① 过氧乙酸消毒剂的配制 市售过氧乙酸原液由 A、B 液组成。一般 A 液是冰醋酸＋硫酸，B 液是过氧化氢。原液浓度：15％、16％～18％、20％不等。过氧乙酸 A、B 液在使用前需混合放置 24 小时后，方可配制使用。

② 过氧乙酸消毒剂的应用 过氧乙酸属于奶牛低温消毒药物，常用于高寒地区冬、春季节。

A. 圈舍消毒 用 2％过氧乙酸按 8 毫升/米³ 或者 0.3％溶液 30 毫升/米³ 喷雾消毒；用 15％过氧乙酸 7 毫升/米³，放入瓷或玻璃器皿（可以用于加热的容器）中，用电炉子或燃气炉加热蒸发，经过 2 小时该圈舍内即达到完全消毒。消毒后通风 15 分钟。在熏蒸消毒以前可以将舍内物品如、工具、工作服、器械等摆放或者先挂起来以便消毒。

在 20.2 ℃、相对湿度 60％～80％时，对细菌繁殖体使用的剂量为过氧乙酸原液 1 克/米³，作用时间为 60 分钟；对细菌芽孢使用的消毒剂量为 3 克/米³，作用时间为 90 分钟。当温度和相对湿度降低时，必须相应加大消毒剂用量。预防性消毒时通过喷洒消毒，每平方米需浓度为 0.2％～0.5％药液 350 毫升。对结核杆菌 0.5％浓度需作用 30 分钟；对有细菌芽孢污染的物体表面，可用 2％过氧乙酸溶液进行喷洒，30 分钟后可达到很好的效果。对肉毒梭菌毒素也有较好的破坏作用。在 20 ℃用 0.5％过氧乙酸作用 30～60分钟能杀灭 A 型、O 型口蹄疫病毒。

B. 物品表面消毒 可采用喷雾、浸泡或擦拭三种方法进行。

稀浓度过氧乙酸不致损坏物品，可以采用浸泡消毒，如工作服、毛巾、餐具、体温计、玻璃器皿、陶瓷制品等；也可用于橡胶制品，但浸泡时间不能过长。过氧乙酸对有色物品可产生褪色作用，故一般浸泡使用浓度为 0.1％～0.4％。

不适合用于浸泡的物品，可采用擦拭法消毒，但对金属物品在消毒完成后必须用水冲洗干净擦干，以防其生锈。

其他如鞋消毒、塑料制品和人造革表面消毒，肉类或鱼类表面消毒，都可用 0.005％～0.1％稀浓度过氧乙酸溶液消毒。

C. 手的消毒　用过氧乙酸作手的消毒，0.2％过氧乙酸溶液最适合于手的快速消毒，因其浓度对于皮肤无任何损伤作用，并且洗后气味消失很快，如使用 0.5％的浓度消毒，可发生皮肤脱屑现象，所以认为 0.2％～0.4％的浓度最安全。

D. 饮水和污水的消毒　由于稀过氧乙酸及其分解产物没有毒性可作为饮水消毒剂，消毒剂量为每升 1 毫克，经 30 分钟后可达到消毒目的，另一种用每升 10 毫克，经 10 分钟，也可使清净的水达到消毒。污水消毒剂量是按污水污染程度决定的，一般采用剂量为饮水剂量加倍来消毒。

E. 5％溶液喷雾消毒　实验室、仓库等按 2.5 毫升/米^3 消毒。

（2）臭氧　属强氧化剂，不稳定，有特殊臭味，比空气重，腐蚀性强，有漂白作用，稳定性极差，常温下可自行分解为氧，其在常温大气中半衰期约为 16 分钟。能在接触瞬间把组成微生物和病毒蛋白体中的 C、H、N 等元素氧化分解，达到灭菌杀毒效果。对于人体而言，臭氧是一种有毒的气体，它有许多与氧气不同的化学和毒理方面的性质，具有刺激气味和极强的氧化性质。高浓度臭氧能在人体外与有机物质发生反应的这种化学性质，使其能与构成人体的类似的有机物质发生反应。当人吸入臭氧时，臭氧会伤害肺部。

① 臭氧消毒剂的产生及应用　臭氧消毒是利用臭氧发生装置产生臭氧杀灭空气中微生物。可用于饲养管理人员更衣室和圈舍的消毒。臭氧消毒空气只适于在圈舍空置状态下使用，空气中容许存留最高浓度为 0.2 毫克/米^3。对密闭空间，使用浓度为 5～10 毫克/米^3，作用 30 分钟即可。

② 使用时注意事项

A. 消毒液在使用前用清洁的水配制，配制时应测定有效成分含量，按实际含量稀释。消毒前要关闭门窗，达到作用时间后方可开窗通风。

B. 谨防高浓度药液溅到眼内或皮肤、衣服上，如溅到应立即用水冲洗。消毒皮肤、黏膜的药液浓度按使用要求准确配制，不宜超浓度使用。

C. 金属器械与天然纤维制品等经浸泡消毒后，应尽快用清水将药物冲洗干净，防止被腐蚀或漂白。

D. 过氧乙酸必须在通风、避光环境下低温保存，不得倒置，高温易爆。

E. 过氧乙酸熏蒸时应注意使用陶瓷、搪瓷或玻璃等不易被腐蚀的容器加热，加热可以采用电炉或其他热源。

F. 臭氧对人体有害，空气中允许浓度为 0.2 毫克/米^3，消毒空气时人不得在室内停留。

2. 火碱

火碱是含有 94% 的氢氧化钠（苛性钠）的粗制品，也称烧碱。氢氧化钠的纯品是无色透明的晶体，易溶于水，在溶解时会强烈放热，氢氧化钠的工业品是白色不透明的固体，呈溶液状时又俗称为液碱。火碱是一种强碱性消毒剂，能水解病原菌的蛋白质和核酸，破坏细菌的正常代谢机能，使细菌死亡，其杀菌作用强大，并能杀灭病毒。

火碱是一种消毒效果很好的药物，对细菌、病毒、真菌、支原体和寄生虫卵等均具有强大的杀灭作用。其 2%～4% 的溶液可杀死繁殖型细菌和病毒，10% 的溶液在 24 小时内可杀死结核杆菌，30% 的溶液在 10 分钟内可杀死炭疽芽孢，3% 的 60～70 ℃ 的热火碱水溶液 30 分钟内能有效杀死虫卵。因此，火碱常用于牛结核病、布鲁氏菌病、口蹄疫、炭疽等传染病的消毒。一般用 2%～4% 的溶液对饲养场、肉联厂等的地面、畜舍、木制用具、运畜禽车辆等进行消毒。其溶液加热后使用，可提高消毒效果；加入 10% 的食盐，可增强杀灭芽孢的效力。

（1）火碱水溶液配制

① 配制 100 千克 2% 火碱水　取火碱 2.13 千克加入 100 千克

水中，搅拌均匀溶解后即可使用。

②配制 100 千克 4％火碱水 取火碱 4.26 千克加入 200 千克水中，搅拌均匀溶解后即可使用。由于火碱对金属有腐蚀性，配制时最好使用塑料桶。

(2) 火碱消毒注意事项

①加热后应用，可提高消毒效果。

②加入 10％的食盐，可增强杀灭芽孢的效力。

③火碱对皮肤和器官有灼伤作用，不可用作畜体消毒。消毒时，应将牛赶出舍外。进行消毒的操作人员，也要注意防护，以免受灼伤。

④火碱对纺织品、铝制品有腐蚀作用，此类用品不可用本药消毒。

⑤牛床、饲槽、水槽、运输车辆等消毒后 6～12 小时，用清水将消毒液彻底冲洗掉，以免受到腐蚀，或者残存的火碱对牛的肢体、乳房、皮肤等造成灼伤。

3. 季铵盐类消毒剂

季铵盐类消毒剂是一种阳离子表面活性剂。使用广泛，具有除臭、清洁和表面消毒的作用。在低浓度下有抑菌作用，在高浓度下可杀灭大多数种类的细菌繁殖体与部分病毒。新合成的品种很多，性能大同小异。目前，普遍使用的有苯扎溴胺（新洁尔灭）、氯苄烷胺（洁尔灭）、十二烷基二甲基乙苯乙基溴化胺（度米芬），以及一些复方消毒剂。

(1) 苯扎溴铵 常温下为淡黄色胶状物，低温下形成蜡状固体。具有芳香气味（不纯者有令人不愉快的气味），极苦，易溶于水或乙醇。溶液澄清透明，呈碱性，摇动时产生大量泡沫，具有表面活性作用。耐光和热，性质较稳定，可长期贮存。为广谱杀菌药，能增加细菌胞浆膜通透性，使菌体胞浆物质外渗，阻碍其代谢而起到杀灭作用。本品对革兰氏阳性菌作用较强，对绿脓杆菌、抗酸杆菌和细菌芽孢无效，能与蛋白质迅速结合，脓、血、分泌物、纤维素、棉花和有机物可使本品作用显著降低。本品对人畜组织刺激性小，作用发挥迅速，能湿润和穿透组织表面，而且具有除污、溶解角质及乳化作用。

① 新洁尔灭溶液配制　配制 0.1％新洁尔灭溶液 100 毫升时，取市售 5％新洁尔灭溶液 2 毫升，加蒸馏水 98 毫升混匀即可；配制 0.5％新洁尔灭 100 毫升时，取市售 5％新洁尔灭溶液 10 毫升，加蒸馏水 90 毫升混匀即可。

② 新洁尔灭的应用

A. 皮肤、黏膜和伤口消毒，常用于洗手消毒，使用浓度为 0.1％，使用时需浸泡 5 分钟。也用于小面积烧、烫伤和黏膜消毒，可用 0.01％～0.1％溶液涂于患处，每天 1～2 次，连续应用 5～7 天。治疗外伤伤口时，可选用硬膏剂（创可贴）贴于伤口处。

B. 器械消毒，可用 0.1％溶液加 0.5％亚硝酸钠溶液防治生锈，浸泡 30 分钟以上。

C. 畜禽舍及公共场所等环境消毒时，本品用水按 0.1％稀释喷雾使用；疫情暴发时按 0.2％稀释使用。

（2）苯扎氯铵　为白色蜡状固体或黄色胶状固体。溶于水或乙醇，其水溶液呈中性或弱碱性，振摇时产生大量泡沫，具有表面活性作用。

苯扎氯铵的应用　创面消毒用 0.01％溶液，皮肤及黏膜消毒用 0.1％溶液，手术前洗手用 0.05％～0.1％溶液浸泡 5 分钟；手术器械消毒用 0.1％溶液煮沸 15 分钟，再浸泡 30 分钟；0.005％以下溶液作膀胱和尿道灌洗；0.002 5％溶液作膀胱保留液。

（3）百毒杀　化学名称为双十烷基二甲基溴化铵，别名双癸甲溴铵。易与水混合，有表面活性作用。原液浓度为 50％（克/毫升），性质较稳定。无色或微黄色澄清液体，振摇时有泡沫产生，气味有淡淡香味。杀毒效果优于新洁尔灭。无刺激性、无腐蚀性和无蓄积毒性安全性高。渗透力超强杀毒作用迅速，效力维持 10～14 天之久。能杀灭各种细菌、病毒（有囊膜及无囊膜）、支原体、霉菌、藻类等致病微生物。

百毒杀的应用

A. 平时预防性的喷雾消毒。百毒杀按 1∶600 倍的比例，即17 毫升（每瓶盖为 10 毫升）百毒杀溶液兑 10 千克水。

B. 饮水消毒。水线要定期清洗，防止藻类、苔类的生长，可用百毒杀 1∶2 000 冲洗管线。用于改善水质、平日饮水消毒，用百毒杀 1∶（2 000～4 000）倍稀释。用于控制疾病，用百毒杀1∶1 600 倍稀释使用。

C. 牛舍环境、器具消毒。百毒杀按 1∶600 倍稀释使用；洗手盆消毒时 1∶600，5～7 天更换一次。

D. 疫病感染消毒。带畜喷雾消毒稀释倍数为 1∶（200～400）倍。每天 2 次，连续 3～5 天，或至疾病减缓及完全控制后恢复正常用法。

E. 口蹄疫、皮肤病消毒。百毒杀按 1∶100 倍水稀释使用。

（4）百净消 主要成分是戊二醛 6%、苯扎氯铵 4%，及离子表面活性剂等。为高效复方广谱制剂、安全性高、快速杀灭细菌病毒、品质稳定。可用于各种细菌、病毒、真菌、分支杆菌、芽孢菌、霉菌、寄生虫等的消毒。可用于各种器械、畜禽舍、孵化室及畜禽产品加工厂的消毒。1∶150 可用于口蹄疫病毒消毒，1∶5 000 用于链球菌，1∶1 500 可用于大肠杆菌和支原体消毒。

（5）使用时注意事项

① 本类消毒剂禁止与肥皂、盐类消毒药、阴离子表面活性剂、铝、荧光素钠、过氧化氢、含水羊毛脂和某些磺胺药等配伍合用，否则会使本品失去杀菌作用。

② 苯扎氯铵水溶液不得贮存于聚乙烯瓶内，避免与其所含增塑剂起反应，使药效消失。

③ 带畜禽消毒时可以关闭部分通风设备，高温季节最好选在清晨、傍晚凉爽时候关闭通风系统操作。

④ 百净消只供外用，不能口服，应用本品作皮肤消毒时，严防进入眼内；不能用于眼科器械及合成橡胶制品的消毒。皮肤长期接触本品时，可产生干裂。

4. 醛类消毒剂

甲醛和戊二醛是常用的醛类消毒剂。醛类消毒剂杀灭微生物的作用主要靠醛基。醛基与菌体蛋白或酶的巯基、羟基、羧基、氨基等结合，使之烷基化，引起蛋白质变性、凝固，造成微生物死亡。

（1）甲醛 为无色、具有强烈刺激性气味的可燃气体，放置时间过长可产生浑浊。能溶于水和醇类物质，易聚合，有还原性。用于消毒的是36%（克/克）水溶液，通常称为福尔马林或甲醛水；或者白色粉末状聚合物，称为多聚甲醛。多聚甲醛含甲醛91%～99%（克/克），常温下不断分解放出甲醛气体。加热时分解加速，放出甲醛气体与少量水蒸气。难溶于水，但可溶于热水或碱溶液中。

甲醛的应用 常用于畜舍的熏蒸消毒。

A. 首先按照牛舍面积计算所需用的药品量，一般每立方米空间用福尔马林25毫升，水12.5毫升，高锰酸钾25克（或以生石灰代替）。

B. 将牛迁出，把舍内的管理用具、工作服等适当地打开，箱与柜橱的门都开放，关闭门窗及天窗等。

C. 在舍内放置几个金属容器，然后把福尔马林与水的混合液倒入容器内，再把高锰酸钾倒入，用木棒搅拌，经几秒钟即见有浅蓝色刺激眼鼻的气体蒸发出来，此时应迅速离开牛舍，将门关闭。也可以将煮沸的福尔马林或将多聚甲醛干粉放在平底锅内、铁板上或电热板上加热，即可产生甲醛气体。也可以把甲醛溶液稀释成6%～8%（即将原液稀释4.5～6倍），喷雾消毒，使舍内各处均匀喷湿为度。

D. 经12～24小时后方可将门窗打开通风。倘若急需使用畜、禽舍，则需用氨蒸汽来中和甲醛气。按畜、禽舍每100米³取500克氯化铵，1千克生石灰及750毫升的水（加热到75℃）。将此混合液装于小桶内放入畜、禽舍。或者用氨水来代替，即按每100米³牛舍用25%氨水1 250毫升，中和20～30分钟后，打开畜、禽舍门窗通风20～30分钟即可。

（2）戊二醛 戊二醛属高效消毒剂，具有广谱、高效、低毒、对金属腐蚀性小、受有机物影响小、稳定性好等特点，适用于医疗器械和耐湿忌热的精密仪器的消毒与灭菌。其灭菌浓度为 2%，市售戊二醛主要有 2%碱性戊二醛和 2%强化酸性戊二醛两种。

戊二醛的应用 常用于器械消毒。将需要消毒的器械，用水冲洗干净后，放入 2%碱性戊二醛溶液中。若要杀灭一般细菌，只要浸泡 30 分钟就可以达到消毒。从容器中取出器械后，由于戊二醛本身也有一定毒性，应采用无菌水冲洗干净后才能应用，否则对机体有损害。

（3）邻苯二甲醛 是一种高效消毒剂，对细菌繁殖体、真菌、分支杆菌、病毒、细菌芽孢，甚至某些寄生虫都有很强的杀灭作用，尤其对戊二醛耐药的结核分支杆菌有良好的杀灭作用。具有戊二醛广谱、高效、低腐蚀的优点，还具有刺激性小、使用浓度低等自身特性。因此，邻苯二甲醛有可能成为戊二醛替代品。

（4）使用时注意事项

① 使用甲醛熏蒸畜舍时，室内温度最好在 18～20 ℃，相对湿度 70%～90%消毒效果较好。

② 发生甲醛蒸汽时应注意安全，待情况稳定后才能退出圈舍。

③ 多孔性物品可吸收甲醛气体，降低空气中的甲醛浓度。若多孔性物品过多，熏蒸消毒时应增加甲醛的用量。

④ 溶液浓度越高，作用时间延长，杀菌作用越好。但甲醛溶液随着浓度增加，聚合程度也随之增加，当非聚合甲醛含量保持恒定后，再增加浓度，杀菌效果也不再明显增长。戊二醛常用其 2%碱性水溶液或异丙醇溶液。随其浓度下降，杀菌作用减弱。

⑤ 甲醛消毒效果易受蛋白质等有机物影响，药液不易渗透，存在于其深处的微生物因受到保护而不易被杀灭，因此消毒以前应做好畜舍机械清扫和冲刷。有机物对碱性戊二醛影响较小，只在含量较高时才对低浓度碱性戊二醛的杀菌作用有影响。

⑥ 消毒后，一般多采用自然通风驱散有臭味的甲醛气体。如急于排除臭味，可将 25%氨水加热蒸发或喷雾进行中和。氨水用

量为所用福尔马林溶液的 1/2，中和时间 30 分钟。

5. 含氯消毒剂

含氯消毒剂是指溶于水后能产生次氯酸的化学消毒剂。含氯消毒剂杀菌谱广，对细菌繁殖体和芽孢、病毒、真菌和真菌孢子等都有杀灭作用。其主要优点是使用方便、价格低；可作用于各种类型的微生物；还可调节水质，减少水体中的氨氮等。不足之处是易受水体中有机物与酸碱度变化的影响，对器具有腐蚀作用；有些种类不够稳定，有效氯易丧失。本类消毒剂分为无机化合物类与有机化合物类，前者以次氯酸盐为主，杀菌作用较快，但性质不稳定；后者以氯胺类为主，性质稳定，但杀菌作用较慢。本类消毒剂的作用效果与有效氯含量成正比，因此使用剂量一般按制剂有效氯含量计算。目前，我国常用的含氯消毒剂有：漂白粉、三合二、次氯酸钠、二氧化氯、二氯异氰尿酸钠、二氯海英、三氯异氰尿酸与溴氯海英等。

(1) 漂白粉 别名含氯石灰，有效氯含量一般为 25％～32％，常以 25％计算其用量。按卫生消毒标准，一般不准使用有效氯含量低于 15％的漂白粉。由于含有氢氧化钙，其水溶液呈碱性。贮存过程中漂白粉的有效氯含量每月减少 1％～3％，遇光或吸潮后，其分解速度加快。因此，在流通领域中常可见到有效氯含量很低的漂白粉。氯气味淡、手抓成团及出厂时间长的漂白粉有效氯含量一般都较低。反之，则有效氯含量较高，通过上述方法可大致判断出漂白粉的优劣。

① 标准漂白粉消毒液的配制 含有效氯 20％漂白粉 5 克加水100 毫升，搅匀即得，加入半量的氯化铵，硫酸铵和硝酸铵后，杀菌作用增强，又称漂白粉活性溶剂。

② 漂白粉的应用

A. 主要用于饮用水的消毒。一般洁净的水可用含 1 毫克/升左右有效氯的氯消毒溶液消毒 30 分钟后即可饮用。若水源不洁或野外取来的水，可用 10 毫克每升有效氯溶液消毒 30 分钟。池塘或河水一般按水质好坏或有机物含量决定使用有效氯剂量，如果水质较好，可用一般饮水消毒剂量，约 1 毫克/升有效氯即可。

B. 0.25%～0.5%溶液还可用于皮肤消毒、口腔和物品消毒。

(2) 次氯酸钠 别名高效漂白粉、次亚氯酸钠。纯品为白色粉末，通常为灰绿色结晶，在空气中不稳定。将氯气通入氢氧化钠溶液中可制成白色次氯酸钠乳状液，含有效氯 8%～12%（克/毫升）。在小型发生器中可以采用电解食盐水法制取次氯酸钠溶液，其有效氯含量约 1%（克/毫升）。有氯气味，能与水混溶，溶液呈碱性。乳状原液的 pH 高达 12，随着稀释度增加，pH 可降至 7～9；性质不稳定，遇热分解加速，温度在 70 ℃以上时分解剧烈，甚至可发生爆炸。其他因素如浓度、光线、杂质，以及空气中的二氧化碳均会加速次氯酸钠的分解。对物品有漂白与腐蚀作用。次氯酸钠含有效氯量 14%，常用 0.3%浓度作牛舍和各种器具表面消毒。也可用于带畜消毒，常用浓度 0.05%～0.2%。

(3) 二氧化氯 是目前消毒饮用水最为理想的消毒剂，它是目前国际上公认的高效、广谱、快速、安全、无残留、不污染环境的第 4 代灭菌消毒剂。它对人、畜、水产品无害，无致癌、致畸、致突变性，是一种安全可靠的消毒剂。二氧化氯是一种很强的氧化剂，它的有效氯的含量为 263%，可穿过细胞壁，有效地破坏细菌内含疏基的酶，以此控制微生物蛋白质的合成，杀死细菌和病毒。与其他含氯消毒剂比较，二氧化氯具有以下优点：在水中很少形成三氯甲烷等有害副产物；易溶于水，它在水中的溶解度约是氯气的 5 倍，其氧化性约是氯气的 2.6 倍；所以相同条件下，投加量要小于氯气；余量的衰减速度慢，消毒持续时间更久；不水解消毒效果受 pH 之影响很小，在 pH 4～9 均有很好的杀菌能力。当然，二氧化氯也有一定的局限性，首先是二氧化氯常温下极不稳定、气体易爆，不便于运输、贮存，另外二氧化氯的成本比较高，纯度不够，其中含有一定的有效氯成分，这为二氧化氯的推广应用带来困难。

(4) 使用时的注意事项

① 配制溶液前应先测定有效氯含量。一般是药物浓度和作用时间与杀菌效果成正比。但漂白粉与三合二除外，随着浓度升高，

其溶液 pH 也随之上升，有时反而需要延长作用时间才能灭菌。

② 消毒棉麻织品和金属制品时，使用浓度不宜过高，作用时间不宜过长。消毒后尽快用水清洗，去除残余药物，以减轻腐蚀与漂白作用。

③ 室外少量使用时，人应居于上风向；大量使用时，应戴防毒面具或口罩、橡胶手套，穿防护服。室内喷洒消毒，工作人员如停留时间较长，应戴防毒面具，其他人员待充分通风后再进入。

④ 药物应贮存于密闭容器内，放置阴凉、干燥、通风处，以减少有效氯丧失与氯气积累。

⑤ 稀释次氯酸钠时应使用冷水，以免其受热分解。

⑥ 有机物有机物存在可消耗有效氯，影响其杀菌作用。尤其对低浓度消毒液的影响比较明显。含有有机物的污水消毒消毒时应加大漂白粉剂量。但有机物对二氯异氰尿酸钠影响较小。

⑦ 还原性物质硫代硫酸盐、亚铁盐、硫化物、含氨基化合物等还原性物质可降低其杀菌作用，尤其在消毒屠宰污水和生活废水中应加以注意。

6. 生石灰

主要成分为氧化钙，为白色或灰白色硬块，无臭，易吸收水分，水溶液呈强碱性。生石灰是无机盐类中最常用的一种消毒药物，即可作为消毒剂，又可作为水质改良剂。同时价格便宜应用较广。生石灰是氧化钙，它不具备消毒作用，只有在生石灰中加水，使其化学反应成熟石灰也就是氢氧化钙，并离解出氢氧根离子（OH⁻）使水质呈强碱性才具有消毒作用。对大多数繁殖型病原菌、病毒、支原体、衣原体、寄生虫卵等有较强的消毒作用。生石灰具有消毒效果好、对环境无污染、不损坏器具、不留恶臭等特点。

（1）生石灰消毒剂的配制 用新鲜的生石灰（未受潮的为准）配制成 10%～20% 的石灰乳。即取 1 千克新鲜石灰加入 1 升水，让其混合反应后，再加 9 升水，搅拌后让其沉淀，取上清液（或除去残渣），现配现用。

（2）生石灰消毒剂的应用

A. 畜禽栏舍、墙壁的消毒时先将舍内的畜禽出栏以后，把墙壁和地面清理干净，每平方米用 1 升配制成的石灰乳刷 1～3 次，特别是墙角、缝隙，一定要涂刷到，不留死角。这样既可消毒杀菌，又可覆盖被污染的墙壁，而且还达到了美观的作用。

B. 可用新鲜熟化的石灰粉撒布于阴湿的道路、地面、污水沟以及粪池周围。水泥地面由于太干燥，石灰粉没有作用，需要喷洒火碱消毒液使生石灰变成石灰乳后，两种强碱性药物作用于其杀灭病原的作用会增强。另外，可用养路毯、稻草等铺在地面并长期保持水分充足的前提下再将新鲜的生石灰撒在上面，让其发挥作用。

C. 用于畜（禽）粪便和尸体的消毒时，先将生石灰铺在焚尸坑底 5 厘米左右，放入尸体后再用生石灰覆盖 5 厘米，之后掩埋尸体。

（3）使用时注意事项

① 生石灰必须现配现用，不宜久贮，因为生石灰存放时间长，它会吸收空气中的二氧化碳，使其成了没有氢氧根离子的碳酸钙，因此陈石灰已失去了消毒作用。

② 生石灰遇水才会发生消毒作用，直接撒布于干燥地面不发生任何消毒作用，不能直接将生石灰铺撒在路面上。另外，场区直接铺撒生石灰，随着人员、车辆或者牲畜走动，或是刮风天气，造成灰尘弥漫，容易引起牲畜呼吸道疾病。

③ 用生石灰消毒前，应对消毒地点进行一次垃圾清理。清理出来的垃圾要进行堆制，上面用 20％石灰乳浇泼进行消毒，以免带病菌的垃圾扩散开来。

7. 复方化学消毒剂

随着科学的发展和社会的进步，化学消毒剂应用范围在不断扩大，单一有效成分的消毒剂已经不能满足动物生产的需要。为此，经常将几种消毒剂配合使用。配合后的消毒剂不仅能够改善使用方面存在的不足，而且各成分之间有协同作用，提高消毒杀菌效果。

（1）复方戊二醛　主要成分戊二醛 30％、癸甲溴铵 20％（也可以由戊二醛与癸甲氯铵、苯扎氯铵、苯扎溴铵、双季铵盐等产品中的一种复配）。淡黄色澄清液体，有刺激性特臭。戊二醛：具有广谱、高效和速效的杀菌作用。对细菌繁殖体、芽孢、病毒、结核杆菌和真菌等均有很好的杀灭作用。烃铵盐：本品为阳离子表面活性剂，对细菌如化脓杆菌、肠道菌等有较好的杀灭能力，对革兰氏阳性菌的杀灭能力要比革兰氏阴性菌为强。对病毒的作用较弱，对亲脂性病毒如流感、牛痘、疱疹等病毒有一定杀灭作用；对亲水性病毒无效。对结核杆菌与真菌的杀灭效果甚微；对细菌芽孢只能起到抑制作用。

① 消毒液的配制与应用　本品适用于养殖水体、动物厩舍、养殖器具、饮水等消毒。动物厩舍：1∶300 稀释，喷洒，每平方米 9 毫升。涂刷，无孔材料表面，每平方米 50 毫升，有孔材料表面，每平方米 200 毫升。器具浸涤：1∶300 稀释后使用。

② 使用时注意事项

A. 勿用金属容器盛装。

B. 避免接触皮肤和黏膜。

C. 勿与强碱类物质混用。

D. 避光、密封、干燥处保存。

（2）来苏儿　又称甲酚皂溶液，是以三种甲酚异构体为主的煤焦油分馏物与肥皂配成的复方消毒液。市售的甲酚皂溶液含甲酚 48%～52%。沸点为 191～201 ℃，溶点为 30～36 ℃，可溶于水及醇中，溶液为碱性，呈透明浅棕色，性质稳定，耐贮存。甲酚皂溶液中主要杀菌成分为甲酚，肥皂使甲酚易溶于水，并可降低其表面张力。可杀灭细菌繁殖体、真菌与某些种类的病毒（主要是囊膜类病毒）。常温下对细菌芽孢无作用，常用浓度可破坏肉毒梭菌毒素。

① 来苏儿消毒液的配制

A. 2% 来苏儿溶液　取 4 毫升市售 50% 溶液，加蒸馏水 96 毫升，即得 2% 的溶液 100 毫升。

B. 5% 来苏儿溶液　取 10 毫升 50% 溶液加蒸馏水 900 升混匀，即得 5% 煤酚皂溶液 100 毫升。

② 来苏儿消毒液的应用

A. 一般多采用 3％～5％来苏儿溶液浸泡、喷洒或擦拭被污染物品和笼器具等的表面，作用 30～60 分钟。可加 1.5％～2％碳酸氢钠作防锈剂。

B. 5％～10％溶液用于环境、排泄物的消毒。对一般致病菌包括抗酸菌杀菌效果确实，对芽孢则需高浓度长时间才有杀菌作用。对结核杆菌，用 5％浓度作用 1～2 小时。为加强杀菌作用，可将药液加热至 40～50 ℃。另外，加食盐、乙醇、酸、氯化铁和氯化亚铁也能增强其杀菌能力。

C. 皮肤消毒，可用 1％～2％溶液浸泡。其消毒效果优于肥皂流水洗手，但远不及 0.2％过氧乙酸溶液。

③ 使用时注意事项

A. 因此类消毒剂溶液毒性较大，气味容易滞留，故不宜用于消毒饲料或饲槽及笼器具等。

B. 因甲酚皂溶液刺激性强，消毒皮肤所用浓度不能超过 2％，并且此类消毒剂溶液都不能用于黏膜消毒。

C. 勿使用硬度过高的水配制甲酚皂水溶液，否则应加大甲酚皂浓度。

D. 浓度越高，作用时间越长，杀菌效果越好，因此发生烈性传染病时可以增加使用浓度，延长消毒时间。

(3) 聚维酮碘 复方聚维酮碘是高效新型的消毒防腐药，药物含量以聚维酮碘计（5 000 毫升：250 克）。属于新型络合碘制剂，以精碘为原料，在水中能逐渐释放出游离碘，起到一种缓释作用，以保持较长时间的杀菌力。通过后者的氧化作用并能与蛋白质的氨基结合而使其变性，对微生物起杀灭作用。无毒副作用，使用安全、简便、价格低廉、作用持久、稳定性好，贮存有效期长，杀菌力强，杀菌范围广，不易使微生物产生耐药性，刺激性极小，黄染轻、易清洗、无过敏反应等特点。可有效杀灭各种细菌、病毒、芽孢、支原体及真菌。对细菌的杀灭效果优于洗必泰，并对真菌孢子有一定的杀伤力。对黏膜皮肤具有保护功能，杀菌速度快，大多数细菌30秒内可杀灭，对个别细菌5分钟足以杀灭。可广泛用于畜禽机体、皮肤、黏膜、饮水、器具和环境消毒等消毒。

① 聚维酮碘消毒液的配制与应用

A. 产前乳房及外阴部消毒、奶牛乳头药浴，5～10倍稀释，涂抹、喷洒或者浸浴。

B. 犊牛脐部、去角消毒，5～10倍稀释后涂抹消毒。

C. 饮水消毒，1 000～1 500倍稀释，定期或长期饮水。

D. 牛舍消毒，500～800倍稀释后喷雾。带牛消毒时800～1 000倍稀释后喷雾。

E. 挤奶器、食具，800～1 000倍稀释后冲洗、浸泡消毒。

F. 牛体皮肤消毒及治疗皮肤病用5%溶液。

G. 黏膜、冲子宫及创面冲洗用0.1%溶液。

H. 各种玻璃器皿消毒用2%～3%浓度浸泡1～2小时，由于具有洗涤作用，利于清洗。对碳钢类物品如手术刀片及铝制品有腐蚀性，其他金属器械不宜长期浸泡消毒。

② 使用时注意事项

A. 当溶液变为白色或淡黄色即失去消毒活性，此时禁用。

B. 对碘过敏动物禁用。

C. 不应与含汞药物配伍。

(4) 密斯陀 为法国欧密斯公司于1995年研制开发的一种以改善饲料环境从而提高生产效益的天然外用品。产品主要成分有蒙脱石黏土、植物吸附剂、矿物吸附剂、天然海藻萃取物、天然香料等。对动物及使用者无毒、无害、无刺激。主要可用于产经产奶牛及哺乳期的犊牛。

① 密斯陀的应用

A. 密斯陀用于控制奶牛乳房炎的操作方法　如采用栓系式饲养，可以在每天挤奶时在卧床撒上密斯陀，每天1～2次；如采取散栏饲养，建议对产前10天至产后1个月的特殊级段在卧床或产栏乳房能接触到的地方每天撒2次密斯陀，直至分娩后1个月。自产后1个月起，用量从每天1次逐步至停止。

B. 密斯陀用于预防与治疗蹄病的操作方法　用铁皮或其他材料制作深 15 厘米以上的槽子，撒上密斯陀，每月集中 1 周，每天对易发病牛进行浸泡。应尽量保证不让奶牛在操作过程中排泄。并且每头牛浸泡后用铁锹将槽子中的密斯陀粉平整。

对于栓系饲养的并在卧床上挤奶的模式，可在每次挤奶时将密斯陀粉直接涂抹于蹄缝中，连续操作 1 周，密斯陀有很好的附着力，不易脱落。

在削蹄后，也可直接将密斯陀涂抹在蹄缝中再进行包扎。

C. 防治子宫炎的操作方法　对分娩后的奶牛，每天在外阴部擦抹 1～2 次，坚持使用 5 天左右。可以预防因为环境因素造成的自宫炎的发生。

D. 密斯陀用于预防犊牛脐带炎的操作方法　可用密斯陀涂于犊牛的脐带，每天 1 次，连续涂抹 2～3 天，可加快脐带的愈合与脱落。

E. 密斯陀用于预防与治疗犊牛腹泻的操作方法　基于密斯陀的主要成分"蒙脱石"对动物胃肠黏膜的收敛作用，密斯陀也可用于防治犊牛腹泻。在每次给犊牛喂奶时，用一小把密斯陀搅拌在奶桶中让其服用即可。此外，密斯陀特殊的植物味道也有驱赶苍蝇的作用。可在喂料的时候，在犊牛料上均匀撒一层密斯陀。

② 使用时注意事项

A. 产前 1 周至产后 2 周是关键，可留意观测奶牛同比产奶量。有条件可定期测量个体奶牛体细胞数变化。

B. 乳房能接触到的地方撒，靠前和最后部不用。

(5) 乳洁 Keno™ pure　属于复方消毒剂，主要成分为非离子和阴离子表面活化剂、乳酸和甘油。是挤奶前乳头的全面调理剂，具有清洁和保护皮肤和消毒多种功能。非离子和阴离子表面活化剂可以均匀作用于整个乳头及末端、降低污物和乳头皮肤之间的表面张力、迅速有效地去除污物。乳酸天然分子快速消毒并对皮肤温和无刺激、消毒力通过欧洲标准 EN1656 检测和牧场实验证明通过泡沫杯或喷壶药浴乳头需要停留 30 秒。甘油有增加乳头皮肤水分，改善皮肤状态。使用乳洁有助于产生泌乳反射，帮助释放牛奶。

乳洁的使用方法

A. 泡沫杯　用干净的水配制 40％的溶液反复挤压泡沫杯产生泡沫确保每一个乳头上都有泡沫覆盖。

B. 喷壶　用干净的水配制 10％的溶液喷在整个乳头上。

8. 紫外线

紫外线主要通过对微生物（细菌、病毒、芽孢等）的辐射损伤和破坏核酸的功能使微生物致死，从而达到消毒的目的。240～280 纳米是最强的杀菌波段，253.7 纳米波段的紫外线杀菌作用最强。目前的紫外线杀菌灯发射的紫外线 90％以上波长为 253.7 纳米。由于紫外线属于低能电磁波，穿透力比较弱，大多数物质不能透过或只能透过少量，所以紫外线只能用于物品表面的消毒。紫外线消毒有许多优点，如杀菌谱广，对被消毒物品的损失小，无残留毒性，经济方便，适用范围广，安全可靠等，因此紫外线消毒一直深受人们的重视。目前，主要有热阴极低压汞紫外线杀菌灯、冷阴极低压汞紫外线杀菌灯和高压汞紫外线杀菌灯（一般用于水的消毒）三类。

（1）紫外线在消毒灭菌中的应用　紫外线光波穿透力差，因此它的使用受到限制，主要用于空气消毒、水的消毒和表面消毒三方面。

① 空气消毒　一般认为病毒和细菌繁殖体对紫外线的抵抗力较弱，紫外线消毒可以达到满意的效果；而细菌芽孢和真菌孢子等则对紫外线的抵抗力较强，消毒灭菌效果不确实。微生物实验室、传染病实验室、无菌操作间、手术室和各种净化工作台等常应用紫外线进行消毒。在牛场主要用于人员入场隔离室、更衣室、饲料间等，也可用于牛舍空舍消毒。使用时室内有人工作的，可将灯管装在墙上，使其向上或向下照射，避免照射到人，由于空气是流动的，所以室内全部空气都能得到照射；人不在室内时，可悬挂于顶部，向下照射。一般情况下，当室温在 20～40 ℃，相对湿度不超过 60％，照射 30 分钟，即可达到消毒目的。

② 表面消毒　可用于各种污染物品和器械表面的消毒。一般是将紫外线灯悬于被消毒物体上方 1 米左右，照射时间约为 30 分钟。消毒的有效范围在灯管的外周 1.5～2 米处。近距离照射可提高杀菌效率和缩短照射时间。在消毒多种病毒和细菌时，消毒剂量应在 100 000 微瓦·秒/厘米^2 以上。圈舍消毒时，先将舍内清空，再用紫外线灯照射。

③ 饮水消毒　紫外线对水中的微生物有良好的杀灭作用，且不产生任何有毒副产物，在水中也没有任何残留，是对饮用水消毒比较理想的方法之一。使用高压汞紫外线杀菌灯时，可将其直接放入水中，因为该灯的功率大，受水温的影响小。使用低压汞紫外线杀菌灯时，一般不放入水中，因低温可减弱辐射强度，影响消毒效果，所以，应将该灯固定在水面上方，水的深度不易过大，一般要小于 2 厘米，水在流动过程中应受到 90 000 微瓦·秒/厘米^2 以上的照射剂量，才能有较好的消毒效果。如要将低压汞杀菌灯放水中，则需在灯管的外部装上石英玻璃外套。石英玻璃的紫外线透过率非常高，而且可防止低温造成的杀菌效果减弱。

（2）使用时注意事项

A. 不要认为紫外线灯管只要能开启，就还有杀菌作用。高强度短时间或低强度长时间均能获得同样的灭菌效果。但是紫外线光源的强度低于 40 微瓦·秒/厘米^2，则再延长照射时间也不能起到满意的杀菌作用，应停止使用。新购进的紫外线灯管应先监测后方可安装使用。

B. 紫外线灯管的功率随着使用时间的增加，其辐射能量随之降低，杀菌效果下降。为保证产品质量，紫外灯管使用时间到 1 000 小时后应及时更换新灯管。

C. 应根据紫外线辐射的有效空间的高度、大小决定安装灯管的数量。

D. 应注意被消毒物品与杀菌灯的辐射距离，即灯管的悬挂高度，一般悬挂高度应为 2～2.5 米。紫外线的辐射强度与辐射距离成反比，悬挂太高，影响灭菌效果。紫外线消毒物体表面时，物体表面应干净、平滑，表面能被全部照射到，灯管距照射物表面不应超过1米，杀菌才有效。

E. 环境温度过高或过低都会降低辐射强度，如温度下降到4℃时，辐射强度则可下降65%～80%，严重影响杀菌效果。一般以室温20～40℃为紫外线消毒的适宜范围。

F. 相对湿度在55%～60%时，紫外线对微生物的杀灭率最强；相对湿度在60%～70%，微生物对紫外线的敏感性降低。

G. 应在房间无人情况下进行紫外线照射。防止紫外线对眼睛、暴露的面部皮肤的辐射损伤，禁止直视灯管，以防引起结膜炎。不得使紫外线光源直接照射到人，以防皮肤产生红斑。紫外线可放出臭氧，臭氧过多可使人中毒，在有人工作的环境中，臭氧的浓度不得超过0.3毫克/米^3。

H. 紫外线灯管表面的灰尘和油垢，会阻碍紫外线的穿透。使用过程中一般每2周用75%酒精棉球擦拭一次，发现灯管表面有灰尘、油污时，应随时擦拭，保持灯管的洁净和透明。

(3) 紫外线照射消毒灭菌效果评价

A. 检测方法　监测时，先用无水乙醇棉球擦拭紫外灯管，以去除其表面灰尘。然后开启紫外线灯5分钟后，将测定波长为253.7纳米的紫外线辐照计探头，置于被检紫外线灯下垂直距离1米的中心位置，待仪表稳定后，所示数据即为该紫外线灯管的辐照强度值。

B. 结果判定　普通30瓦直管型紫外线灯，新灯辐照强度≥90微瓦/厘米^{2}为合格，在使用中，紫外线灯辐照强度≥70微瓦/厘米^{2}为合格；30瓦高强度紫外线新灯的辐照强度≥180微瓦/厘米^{2}为合格。对异型（非直管型）、高强度型，或非30瓦功率等灯管的检测距离和辐照强度值的合格标准，随产品用途和使用方法而定。应不低于该产品使用说明书所规定的辐照强度值。

C. 注意事项　测定时要求电压为（220±5）伏，温度为20～25℃，相对湿度＜60%，紫外线辐照计必须在计量部门鉴定的有效期内使用。在实际使用过程中，测试人员应戴眼镜及防护手套，测试时工作人员勿直视紫外线灯。

（二）奶牛场的常规消毒

1. 消毒原则

消毒灭菌方法包括物理法、化学法和生物法三大类，每类中又包括多种方法或消毒剂，不同消毒方法和消毒剂均有各自的优缺点。因此，在消毒实践中应结合消毒对象、消毒方法或消毒剂的特点，以及不同消毒因子的配伍、毒理学、费用效益等情况进行综合考虑，遵循消毒灭菌方法选择的一般原则，保证以最低费用取得最理想的消毒效果。消毒灭菌方法选择的一般原则主要包括下述几项：

（1）选择批准使用的消毒剂和方法　消毒灭菌所涉及的消毒方法、消毒剂及其设备应该已经被国家卫生行政部门批准，并按照批准的范围和方法在动物养殖场，运输工具，疫源地，兽医院等消毒中使用。凡是国家卫生行政部门没有批准，或过去批准现在由于某种原因又被禁用的消毒方法、消毒剂不能选用，保证在有效期内使用。

（2）根据物品污染微生物的种类、数量和危害性选择消毒灭菌方法

A. 对被细菌芽孢、分支杆菌、真菌孢子和传染性极强的口蹄疫病毒、高致病性禽流感病毒及目前国内没有的外来病原微生物等污染的物品，选用化学灭菌剂处理或物理灭菌法。

B. 对被真菌、病毒、螺旋体、支原体、衣原体和细菌繁殖体等病原微生物污染的物品，选用高效化学消毒剂、灭菌剂处理或物理灭菌法。

C. 对被抵抗力较低的普通微生物污染的物品，可选用低效消毒剂处理或物理消毒灭菌法。

D. 当消毒物品上微生物污染特别严重，或者有较多有机物存在时，应加大消毒剂的使用剂量和（或）延长消毒作用时间。

（3）根据消毒物品的性质和消毒的对象选择消毒方法　不同消毒物品对热、酸、碱、有机溶剂等的耐受性不同，所以在选择消毒方法时需考虑消毒物品的性质，以达到既能够保护消毒物品不受损坏，又可使消毒方法或措施易于发挥作用的目的。

A. 耐高温、耐湿度的物品和器材，应首选压力蒸汽灭菌；耐高温的玻璃器材、金属制品、陶瓷制品、油剂类和干粉类等可选用干热灭菌。

B. 不耐热、不耐湿、易腐蚀的物品如塑料制品、各种织物、皮毛制品等，可选择环氧乙烷或低温蒸汽甲醛气体、电离辐射等方法消毒灭菌。

C. 不耐热、耐湿、耐腐蚀的物品，可选用戊二醛、过氧乙酸、含氯消毒剂、季铵盐类等化学消毒法。

D. 器械的浸泡灭菌，应选择对金属无腐蚀或基本无腐蚀性的消毒剂。

E. 物品表面消毒时，应考虑表面性质，光滑表面可选择紫外线照射，或液体消毒剂擦拭；多孔材料表面可采用喷雾消毒法或气体熏蒸法。

F. 患烈性传染病动物尸体，首选焚烧法；污染的动物产品，可根据感染病原微生物的种类，选择高压蒸汽、焚烧或者中效以上的消毒灭菌剂处理；污染的饲养用具、笼具、围栏等金属器械和设施及水泥砖石结构的围墙、地面等，可选择焚烧法、中效以上的消毒灭菌剂处理。

G. 污染的动物粪便、饲料、垫草等常选择生物热消毒法，但当其中含有炭疽杆菌、气肿疽梭菌等细菌芽孢时，需选用焚烧法。

H. 圈舍、饲养用具、车辆、运动场地等的消毒，可选取机械除菌，冲洗、擦、抹、融、通风等，然后进行凉晒或选中效化学消毒剂进行消毒。

（4）根据消毒场所的特点选择消毒剂和消毒方法

A. 在室内消毒时，密闭性好的房屋，可用熏蒸消毒，密闭性差者应用消毒液擦试或喷洒。

B. 通风良好的房屋，可用通风换气法消毒，通风换气不良，污染空气长期贮留处应当用药物熏蒸和喷洒。

C. 带畜消毒不可用刺激性、腐蚀性和毒性强消毒剂。

D. 接近火源不宜用环氧乙烷等易燃物消毒。

E. 对空气流通性好，干燥的场地，使用普通的带氯消毒液就可以达到杀死病原微生物的目的。对潮湿，外环境容易生霉的场地，还必须使用火焰消毒法，霉菌的特性为不耐高温、不耐光照。

F. 对曾经使用过的养殖场全面消毒，最好先采用熏蒸消毒方法，彻底消灭遗留下来的病原微生物。

（5）选择经济效益高的消毒方法 消毒时除了考虑消毒方法的消毒灭菌效力外，还需要对其使用价值，即费用—效益进行分析。在消毒时理想的消毒剂应该满足杀菌谱广，作用快速；性能稳定，便于储存和运输；无毒无味，无刺激，无致畸、致癌、致突变作用；易溶于水，不着色，易去除，不污染环境；不易燃、易爆，使用安全；受有机物、酸碱和环境因素影响小；作用浓度低，使用方便，价格低廉。

2. 隔离消毒

为了加强防疫，首先场界划分应明确，在四周建围墙或挖沟壕，并与种树相结合，防止场外人员与其他动物进入场区。牛场生活区大门口设立消毒门岗，负责入场车辆和全场员工及外来人员入场时的隔离消毒。大门进口设车辆消毒池，并设有隔离消毒室。一切人员、车辆进出门必须从消毒池通过。生产区大门，各牛舍的进出口处应设脚踏消毒池，谢绝无关人员进入牛场，必须进入者，须更换消毒处理过的工作服和鞋帽。场外车辆用具等不准进入场内，必须进入时，应经消毒处理。

（1）出入人员的消毒 常用化学消毒和物理消毒方法相结合。

① 入场人员先进入隔离室进行隔离消毒。隔离室内装挂壁式臭氧消毒机（图1、图2）或紫外线灯管，人员进入后打开消毒机至少15分钟；或者隔离室棚顶可以安装喷雾消毒装置，消毒药物可以选用0.2%过氧乙酸或者0.1%百毒杀，人员进入以后可以通

过喷雾消毒 30～60 秒。

图 1　挂壁式臭氧消毒机

图 2　臭氧消毒机

② 隔离消毒后更换工作服和防水靴子或鞋。

③ 然后洗手消毒。洗手消毒盆（图 3）放在消毒通道入口处，消毒液使用 0.1％ 新洁尔灭或者 0.25％～0.5％ 漂白粉溶液洗手消毒，将手浸泡在消毒液中 3～5 分钟，用干燥毛巾擦干或者自然晾干。洗手消毒液每天更换一次。

图 3　洗手消毒盆

④ 通过消毒通道后进入场区（图4）。消毒通道棚顶悬挂2～4根紫外线灭菌灯24小时照射，通道地面铺毡垫用2‰～3‰的火碱溶液浸泡，脚踩时有大量液体流出为宜。消毒通道直线长度10～15米，宽1米，若达不到相应长度，而隔离室较宽时，可采用护栏呈Z字形走道，延长通过距离。踏脚设施每3天更换一次消毒液。

图4　室内消毒通道

⑤ 本场员工进入饲养区也应先进行洗手消毒，然后在更衣室更换工作服穿胶靴，更衣室内紫外线消毒灯24小时开启。洗澡更衣后经过室内消毒通道进入生产区，消毒通道与更衣室相连。

⑥ 注意事项包括：

A. 消毒池的消毒液保持有效浓度。

B. 使用臭氧消毒，注意不要用过量，在少量情况下，对人体没多大危害，且消毒后房屋中不要留人，进屋前先通风。

C. 如果在消毒室设紫外线杀菌灯，应强调安全时间（3～5分钟），一过式（不停留）的紫外线杀菌灯的照射，达不到消毒目的。

(2) 出入车辆的消毒　在饲养区大门口修建供车辆消毒的消毒池（图5），消毒池结构应坚固，以使其能承载通行车辆的重量，消毒池还必须不透水、耐酸碱。车辆用消毒池的宽度略大于车轮间距即可。参考尺寸为3.8米、宽3米、深0.2米。最好在池上设置棚盖，以防止降水稀释药液，并设排水孔以便换液。池内投放2％～5％氢氧化钠溶液或5％来苏儿等消毒液；水深保持在10～20厘米，根据进出车辆的多少，每3天或每周清洗更换或添加1次消毒液。

图5　车辆消毒池

车辆经过消毒池后，还必须对其车轮、车身和驾驶室进行消毒处理。先用高压水枪把轮胎、车厢内的污物冲洗干净，再用以1∶300稀释的复方戊二醛或者2％来苏儿喷雾消毒。消毒车轮时应按从里到外的原则，对车胎的内外两个侧面进行消毒；消毒车身时，应按从前到后、从左到右、从上到下的消毒顺序，进行仔细消毒；驾驶室内用手提喷雾器，采用3％过氧乙酸消毒液喷雾消毒。目前有全自动车辆消毒通道设置在场区入口处，可以对出入车辆的车身，车箱底部进行全方位消毒，使得消毒更彻底而且节省了人力（图6）。

图6　全自动车辆消毒通道

(3) 出入器具、设备的消毒

① 在场内使用的车辆如铲车、清粪车、小推车等每月定期用去污粉或皂粉擦洗一次；被污染的推车应及时用 0.2%过氧乙酸溶液擦拭，30 分钟后再用清水洗净。

② 另外，能够搬动的小型器物，如铁锹、水桶、消毒盆等，可以随同圈舍一起消毒，也可搬出圈舍，按其各自的特点采用适宜的方法进行消毒，包括洗涤法和日光暴晒法等。对耐热、耐湿的物品可用煮沸法；对不耐热的物品可用消毒剂浸泡处理；对不耐热、不耐湿的物品可用甲醛、过氧乙酸或环氧乙烷等气体消毒剂进行熏蒸消毒。

③ 饲槽消毒时要首先选用没有气味、不会引起中毒的消毒药品，要每天刷洗，每周用高锰酸钾、过氧乙酸、二氧化氯等喷洒、涂擦消毒 1~2 次，每个季度要大消毒 1 次。

④ 日常用具、挤奶设备和奶罐车、兽医器械、配种器械等在使用前后也要彻底清洗和消毒，可用 0.1%新洁尔灭或 0.2%~0.5%过氧乙酸消毒。

(4) 牛舍的清洁消毒　牛舍是牛生活、活动所必需的场所，圈舍内的场地是极易受污染的区域，一旦污染，很容易造成病原体扩散和疾病传播，因此应该及时进行消毒。牛舍消毒对疾病防控和保证牛奶质量十分重要，必须由牛舍管理员负责确认。消毒的目的在于清除或杀灭存在于环境表面的各种微生物，以预防由于接触污染表面而引起的感染。圈舍消毒的对象一般分为四部分，一是空气消毒；二是可搬运小型器物消毒；三是圈舍内的一些固定设施的消毒；四是圈舍内表面消毒。目前，国内奶牛饲养方式多样，既有传统的舍饲、拴系、固定床位饲养方式，也有现代规模化、专业化、散栏饲养方式。因为饲养方式不同，牛舍结构设计也有差异，所以选择的消毒方式略有差异，但无论采用哪种消毒方式都离不开基本的消毒程序。奶牛养殖很少能做到全进全出以及长时间的空舍，因此，常采用带畜消毒和临时空舍消毒。

牛舍粪清除→机械清洁→高压水枪冲洗→通风干燥→化学药物

消毒→冲洗→干燥→甲醛熏蒸→密闭2天→通风→进畜禽，整个消毒过程不少于15天。

① 牛舍清洁　清洁的环境是做好消毒灭菌的一个重要环节，因为灰尘、污物等有机物残留在畜禽舍的地面和墙壁，病毒、细菌及球虫卵混在其中，消毒药物的杀菌效果会受到影响。因此有效的机械清除，是化学消毒剂达到理想效果的前提。通过清扫、清洗、洗刷、擦拭、填埋和通风等机械的方法清洁环境，清除有害微生物和寄生虫等，是普遍和常用的技术。

A. 首先，应根据清扫的环境是否干燥和可能存在病原体的危害程度，决定是否需要先用清水或某些化学消毒剂进行喷洒，防止在打扫时造成尘土飞扬，从而造成病原体随着飞扬的尘埃进行扩散和传播，影响人和动物的健康。

B. 清扫是清洁地面常用的方法，应清除舍内粪便、饲料、垫料、灰尘、污物，它能使场地内的微生物数量大幅降低。机械清除还可以去除饲料中的一些坚硬、锋利的杂质，降低了这些杂质损伤消化道黏膜而引发条件病原体的感染致病的可能性，因此也具有消毒的实际意义。通风也具有消毒的实际意义，尤其是对呼吸道疾病，虽然不能杀灭病原体，但可以减少环境中病原体的数量。通风不良是动物冬季呼吸道疾病高发的主要诱因。

C. 定期对牛体被毛进行刷洗，可以将体表的污物清除，随着这些污物的清除，大量的有机污染物和病原体也被清除。尤其在炎热的夏季，每天中午进行牛体刷洗，可以起到清洁牛体，防暑降温，降低奶牛乳房炎的发病率，促进产奶量提高的目的。

D. 将清扫完毕的牛舍进行彻底冲刷，使舍内不得有灰尘、蜘蛛网等，不得残留牛的粪便。平时牛舍应在每班牛只下槽后彻底清扫干净，用高压水枪冲洗，及时清扫可以减少粪便和污物在场地的停留时间，减少蚊蝇的滋生。污水应由下水道排至远离舍区的区域，以免造成二次污染，更大范围地传播病原体。冲洗后让圈舍自然干燥后方可消毒。机械性清除不能达到彻底消毒灭菌的目的，必须配合其他消毒灭菌方法进行。

②牛舍空气消毒 圈舍内空气中的微生物主要来源于牛场中饲养的动物和管理人员。一般情况下，动物不断地从呼吸道、消化道、皮肤和毛发等处排出微生物进入空气，而发病动物和隐性感染动物的排泄物与分泌物，如鼻和口腔分泌物、粪便、尿液中含大量的病原体，会严重污染周围环境。动物之间的打斗和争食加剧了养殖场内空气的流动和扬尘，会促进病原的进一步传播。对养殖场中的空气消毒主要有以下几种方法。

A. 自然通风除菌是养殖场内净化动物圈舍内空气的主要方法，不但可以减少圈舍内空气中细菌的含量，而且还可以降低圈舍内的湿度。自然通风除菌简单易行，但效果受诸多因素影响。要提高消毒效果，还应采用其他消毒手段，尤其在冬春季节，应加强动物圈舍的通风换气，以减少呼吸道疾病的发生。

B. 紫外线消毒。牛舍内使用紫外线消毒的不多。主要用于饲养管理人员的更衣室和饲料贮存间。

C. 化学法消毒。通过喷雾和气体熏蒸的方法杀灭空气中的微生物。熏蒸消毒效果优于喷雾法，但应在圈舍空置时进行，并注意圈舍必须严密封闭。

熏蒸方法：

a. 将过氧乙酸稀释成3％～5％的水溶液，置于容器内加热。杀灭细菌繁殖用量为1克/米³，熏蒸60分钟；杀灭病毒芽孢用量为3克/米³，熏蒸90分钟。相对湿度以60％～80％效果最好。

b. 甲醛，当空气受到严重污染时，可用甲醛气体熏蒸消毒。甲醛用量12.5～25毫升/米³。

c. 臭氧消毒是利用臭氧发生装置产生臭氧杀灭空气中微生物。可用于饲养管理人员更衣室和圈舍的消毒。臭氧消毒空气只适于在圈舍空置状态下使用，空气中容许存留最高浓度为0.2毫克/米³。对密闭空间，使用浓度为5～10毫克/米³，作用30分钟即可。

气溶胶喷雾法：根据不同消毒剂使用剂量，将消毒剂稀释后进行喷雾消毒。如采用0.5％～1％的过氧乙酸溶液喷洒，剂量为10～20毫升/米³，封闭门窗30分钟。0.1％新洁尔灭或0.1％次氯酸钠等进行消毒。

　　③ 牛舍内表面消毒　圈舍内表面指墙壁、顶棚和地面，是日常消毒工作重点。墙壁和顶棚很少受到严重污染，一般情况下仅需进行常规消毒。但是，当墙面受到严重污染时，可采取化学消毒剂喷雾、熏蒸或进行火焰灼烧的方法。地面是圈舍环境中极易受污染的部位，尤其是在人员和动物流动量大的地方，或病死动物污染的地面等。因此，应及时对地面进行消毒。消毒的方法可随污染的程度、场合而选择不同的方法。

　　A. 对牛舍地面及粪尿沟可选用 5%～10% 热碱水、3%～5% 来苏儿溶液等喷雾消毒，每平方米 1 升药液；牛栏、牛床、走道、饮水槽、饲槽等可以使用 5%～10% 热碱水、3%～5% 来苏儿、0.1% 新洁尔灭等消毒剂进行洗刷消毒；消毒后 2～6 小时，在放入牛只前对饲槽及牛床用清水冲洗；产床和牛床下面也可以撒白灰；地面也可以采用火焰消毒，消毒时间为每平方米喷射 60 秒。牛舍消毒每周 2 次。

　　B. 饲槽或者饲喂通道、墙壁、天棚等内表面也可采用 0.3%～0.5% 过氧乙酸、2% 戊二醛、3% 福尔马林溶液、1% 高锰酸钾溶液、博灭特、洁净等消毒剂进行喷雾消毒，每隔半月轮换一次消毒剂。饲槽或者饲喂通道每天上午、下午各消毒一次，要求用消毒药液覆盖饲喂通道的所有表面积。另外，需每周对饲槽和饮水槽进行一次彻底的清洗消毒，首先用清水刷洗将污水排净，若是水泥槽可以选择 2%～3% 的火碱刷洗或 0.2%～0.5% 过氧乙酸，若是金属槽应该选择 1.8%～2.2% 中性戊二醛溶液或者 0.1% 新洁尔灭刷洗，浸泡 30 分钟以后用清水冲洗干净，避免消毒药物残留在槽内。消毒时要避免牛只饮用到带有消毒液的水。

　　C. 应用化学药物喷雾消毒时，首先关闭门窗，然后应遵循从天棚、墙壁到地面，进行立体式消毒，不留死角，从牛舍最里角，逐步向门口移动，消毒完毕后打开紫外消毒灯管，然后关闭门，2～6 小时以后可以打开门窗通风。消毒工作完成后，牛舍应关闭，避免闲杂人员入内。

④ 带畜消毒　定期使用0.1%新洁尔灭或用0.3%过氧乙酸或0.1%次氯酸钠进行带牛环境消毒，这样既可消灭牛体表、颈枷和料槽表面的微生物，还可避免牛只间微生物的传染，这种消毒方式对散栏饲养方式较适合。带牛环境消毒可减少牛只间或牛与圈舍间的相互污染。消毒密度即间隔时间，应根据不同季节、不同生长期及疫病流行情况灵活掌握。一般而言，冬春两季一周一次，夏、秋两季1周1～2次；犊牛抵抗力弱，易感染各种传染病，一周应消毒2～3次；疫病流行期则早晚各一次。

带畜消毒主要以喷雾消毒为主，消毒设备采用超微喷雾器（图7、图8）。首先，要选择正确时间。消毒是一种外来刺激，畜禽会产生一定程度的应激反应，为减小反应，不要在喂料、饮水时消毒，而应在傍晚光线暗淡的条件下进行，但也不宜太晚，以免多数牛只在休息时造成应激性反跳。要选良好的喷雾装置。最好选用能控制雾粒大小与喷雾量的超微喷雾器，如电动喷雾器，农用小型喷雾器等。雾粒直径控制在80～120微米，且以雾粒能在空中雾化20～30秒为宜。喷雾量不能太小或太大，太小达不到消毒所需密度，太大会使圈舍太湿，造成药物浪费，一般保持在30～40毫升/米²即可。喷雾应仔细，凡是舍内所有空间、一切物品、设备及牛体都应喷雾消毒，以达最大限度地杀灭病原体的目的。带畜消毒时，首先也应该做好环境卫生清洁，将舍内垃圾清理干净，然后再进行化学药物消毒。

图7　超微喷雾器　　　图8　超微喷雾消毒机

⑤ 场区运动场与道路消毒

A. 首先机械清扫运动场的牛粪和垃圾，除净杂草，然后用5%～10%热碱水或撒布生石灰后用水喷湿进行消毒。运动场可以每个月进行一次彻底消毒，夏季可半个月进行 1 次大消毒，若运动场和场区道路面积较大，应用化学消毒剂喷雾消毒，可选择大型喷雾消毒设备（图9）。

图 9　远射程风送式喷雾机

B. 场区道路和走廊可先进行牛粪和垃圾的机械清扫，然后水泥路面可以用高压水枪冲洗，待其干燥后用2%～5%火碱、乙酸、5%～10%来苏儿溶液或者预防性消毒剂喷洒消毒，每平方米需浓度为 0.2%～0.5%过氧乙酸药液 350 毫升。舍内走廊每周消毒 2 次，疾病流行期每天 1 次带牛消毒。

C. 舍门前的下水道最低处有积水地方铺撒生石灰，要求全部覆盖即可。每15天更换一次生石灰，以便确保消毒效果。

⑥ 牛舍消毒注意事项

A. 清扫废物，消除屏障。在消毒前应将舍内所有粪便、垫料、网尘、多余用具彻底清除干净，特别是对容易忽视的死角更应特别注意清扫，以消除其对病原体的屏障作用。

B. 在进行带牛消毒时，一定要避免消毒药剂污染到牛的眼睛及牛奶。

C. 饲槽和水槽消毒后要及时冲洗干净药液，以免造成牛只误饮后中毒。

3. **挤奶操作规范**

（1）挤奶厅消毒可参照牛舍消毒，每班牛榨完奶以后进行彻底冲洗和消毒。消毒时注意防止消毒剂污染牛奶。

（2）乳房消毒液推荐使用国家许可的奶牛专用消毒液，也可使用以下任一种药浴液，但需现用现配。

① 碘伏药浴液配制　在量筒中将 100 毫升碘伏（0.5%～1.0%有效碘）加 900～1 900 毫升水。

② 洗必泰药浴液配制　在量筒中将 100 毫升洗必泰（0.5%～1.0%）加 900～1 900 毫升水。次氯酸盐药浴液配制　在量筒中将 40 克次氯酸钠或次氯酸钾（4.0%）中加入 960 克水。

③ 新洁尔灭药浴液配制　在量筒中将 5 毫升新洁尔灭溶液（5.0%）加 1 升水。

④ 乳安（Kenocidin™ Spray and Dip）属于乳头皮肤护理蘸剂，主要成分为洗必泰和薄荷，挤奶后药浴乳头。

⑤ 乳洁（Keno™ pure）属于复方消毒剂，主要成分为非离子和阴离子表面活化剂、乳酸和甘油，挤奶后药浴乳头。

⑥ 博美特属乳头保护剂，含有碘制剂 0.5%，润肤剂 1%，挤奶后药浴乳头。

⑦ 碘—甘油混合溶液（利拉伐）含碘制剂 0.75%，润肤剂 1%，挤奶后药浴乳头。

⑧ 氯制剂消毒粉，挤奶后药浴乳头。

⑨ 40 ℃左右 0.02%～0.03%高锰酸钾温水溶液。

（3）挤奶操作

① 挤奶员身着工作服、帽，洗净双手。

② 经常修剪奶牛乳房上过长的毛。

③ 温和地将躺卧的牛赶起，待牛站起后，立即用粪铲清除牛床后 1/3 处的垫草和粪便。

④ 经常刷拭牛的后躯，避免黏附在牛身上的泥垢、碎草等杂物落入乳中。

⑤ 准备好清洁的集乳桶、盛有温消毒液的乳房和乳头擦洗桶及毛巾或一次性纸巾。

⑥ 待挤奶牛进入挤奶台，站好位后，关闭进口门。

⑦ 挤奶前乳汁检查。将头三把奶挤在乳汁检查杯中，观察乳

汁有无异常。

A. 在验奶时发现异常奶（水样乳、乳凝块乳、血乳）或异常乳区要及时作记录（如乳房炎、乳区坏死、乳头外伤、乳头冻伤、乳头管孔细等），并通知兽医处理。如发现奶中有凝乳块，可以挤7～10 把奶。如果仍有凝乳块，可以确诊为乳房炎；如果没有，则为正常。如有，应收集在专门容器内，不可挤入奶桶内，也不可随便挤在牛床上。

B. 经鉴定确认为乳房炎的牛只，用蓝色圆点在牛后腿部位作标记，膝关节上部为前乳区，膝关节下部为后乳区，左右腿部分别代表左右乳区。

C. 验奶员要保证手臂的清洁，每验 10 头牛要进行 1 次手臂的清洁、消毒，以防因人员操作出现交叉感染，其中每验完 1 次乳房炎牛，手臂就要消毒 1 次。

D. 坏死乳区或瞎乳区不能上挤奶杯。

E. 通知兽医将新发现的乳房炎牛和怀疑有病的牛分离出去进行治疗。

⑧ 先用专用消毒湿毛巾擦拭乳头和乳房。再用乳头消毒液对乳头进行药浴消毒，过 30 秒后用消毒毛巾或纸巾擦去消毒液。每次洗后应用消毒液消毒毛巾（每头牛一条毛巾），并拧干后再用。

⑨ 用双手按摩乳房表面，以后轻按乳房各部，使乳房膨胀，皮肤表面血管怒张，呈淡红色，皮温升高，这是乳房放乳的象征，要立即挤乳。

⑩ 用消毒的毛巾清洁牛只的乳头准备好挤奶杯组后，尽快将挤奶杯紧紧地安装在每个乳头上，套杯采用 S 形套杯法。

⑪ 套好杯后调整好奶杯组的位置，挤奶开始。挤完奶后，根据不同情况对奶杯组进行手动或自动脱杯，防止过挤。

（4）挤奶后乳头药浴 使用乳头专用药浴液，用药浴喷枪均匀喷洒或药浴杯药浴乳头，药液浸没乳头根部，并停留 30 秒。保证消毒液的浓度，做好相关记录。

① 冬季在低于－10 ℃时的牧场，可用乳头专用干燥消毒粉剂

干浴乳头。

② 如遇乳头冻伤的牛只，轻微者可涂抹冻伤膏；严重者应立即通知兽医进行治疗。

③ 严禁敷衍了事或漏消毒个别乳头。

④ 操作时按照先药浴前两个乳区，然后再药浴后两个乳区的顺序操作。

（5）提桶式挤奶机及奶桶的清洗

① 挤奶后，立即用清水漂洗所有器皿，除去表面残奶。

② 拆开挤奶机，将奶杯、内衬、提桶盖、连接管等浸泡于专用洗涤剂（按照产品说明配制）中 3～5 分钟。

③ 用热水（70～80 ℃）加专用洗涤剂清洗，并用毛刷刷洗表面，以确保有效清洗。

④ 再用清水将洗涤剂冲洗干净。

⑤ 将洗净的奶桶、奶罐等器皿倒置于专用支架上，通风干燥。

⑥ 每周一次清洗真空管路，以防污染、堵塞，方法是用软管吸入清洗剂，从隔离罐底部流出，避免水吸入真空泵。

（6）管道式挤奶机的清洗

① 清洗前准备

A. 将所有的奶杯组装在清洗托上。

B. 将奶水分离器上的清洗开关及自动排水开关打开（严格按产品说明书操作）。

C. 打开浪涌放大器上的进水阀。

D. 将清洗转换器转到清洗位置。

② 清洗操作

A. 预清洗：先用清水冲去挤奶桶及管道中的残奶；35～40 ℃的温水，直接排出，直至水清为止。

B. 循环清洗：每次挤奶后，用 70～80 ℃的热水加碱液（pH试纸检测值应达到 12）及消毒剂循环流动 8～10 分钟，每周使用 70～80 ℃的热水加酸液（pH 试纸检测值应达到 3.5）清洗一次；排出的清洗液温度不得低于 40 ℃。

C. 后冲洗：用清水冲洗，冲掉洗涤剂和消毒剂，直到排出的水清洁为止，pH 试纸检测值应符合《生活饮用水卫生标准》(GB 5749—2006)中的有关规定。

(7) 挤奶设备的维护和保养　每周检查挤奶机所有胶垫，必要时更换。挤奶设备的维护和保养按设备使用说明书定期进行。

4. 水源的消毒

水质的好坏特别是水中的病原体对牛群健康的影响极大。然而，目前许多牛场只重视水的供应量而忽视水的质量，在取水和供水过程中缺乏有效的防护和消毒措施，使得消化道疾病，特别是腹泻性疾病较难控制，因此在规模牛场中对饮用水进行消毒应该予以高度重视。饮用水的消毒方法一般可分为物理消毒法和化学消毒法两类。在养牛业中由于多采用集中供水，并且由于生产中用水量较大，物理消毒法中的煮沸消毒、紫外线消毒、超声波消毒等方法无法用于牛的饮用水消毒。因此，牛场更多地采用化学法对水进行消毒。理想的饮用水消毒剂应具有无毒、无刺激性、可迅速溶于水中并释放出杀菌成分，对水中的病原性微生物杀灭力强，杀菌谱广，不会与水中的有机物或无机物发生化学反应和产生有害有毒物质，价廉易得，便于保存和运输，使用方便等优点。目前，常用的化学消毒剂包括氯制剂（漂白粉和二氧化氯）、碘制剂和季铵盐类等。

(1) 规模化牛场饮用水一般来源于地表水或地下水，自来水由于价格较高而使用较少。在有条件的牛场尽可能地使用地下水。在采用地表水时取水口应在牛场自身和工业区污水排放口上游，并与之保持较远的距离。取水口应建立在靠近湖泊或河流的中心的地方，如果只能在近岸处取水，则应修建能对水进行过滤的滤井。

(2) 在修建供水系统时应考虑到对饮用水的消毒方式，一般可在水塔或蓄水池对水进行消毒。在进行饮用水的消毒之前，对蓄水池或水塔的容积进行测量，水塔或水池按照其内径的长×宽×高的公式来计算其体积。按照使用剂量说明计算好用量后向水中投入消毒剂。一次性向池中加入消毒剂后，仅可维持较短时间，频繁加药十分麻烦，为此可在贮水池中应用持续氯消毒法。以消毒威为例，将消毒威拌成糊状，用塑料袋或塑料桶等容器装好。装入的量为消毒1天饮用水剂量的20或30倍，在塑料袋（桶）上打直径为0.2～0.4毫米的小孔若干个，将塑料袋（桶）悬挂在供水系统的入水口内，在水流的作用下消毒剂缓慢地从袋中释出。由于此方法控制水中消毒剂的浓度完全靠塑料袋上孔径大小和数目多少，因此一般应在第一次使用时进行试验，确保在7～15天内袋中的消毒剂完全被释放。需测定水中的余氯量，必要时也可测定消毒后水中细菌总数和大肠杆菌总数来确定消毒效果，从而评价牛场饮用水的质量。

（3）饮用水消毒的注意事项

① 饮用水应保持清洁，尤其在疫病发生时或水源受污染时应对饮水进行消毒。

② 不要任意加大饮用水中消毒药物的浓度，加大消毒药物的浓度虽然能更有效地杀灭水中的病原微生物，但容易引起牛的急性中毒，同时还可杀死或抑制肠道内的正常菌群，造成腹泻或继发肠道疾病。

③ 饮水消毒剂浓度不可过高，消毒时间不可过长，应使用有标准文号、正规厂家生产的消毒剂，并按照说明书的使用剂量使用。

5. 饲料的消毒

牛羊的饲料主要为草类、秸秆、豆荚等农作物的茎叶类粗饲料和豆类、豆饼、玉米类合成的精饲料两类。粗饲料灭菌消毒主要靠物理方法，保持粗饲料的通风和干燥，经常翻晾和日光照射消毒。对于青饲料则要加强保鲜，防止霉烂，最好当日割当日吃掉。精饲料要注意防腐，经常晾晒。必要时，在精饲料库配备紫外线消毒设备，定期进行消毒杀菌。合成的多维饲料应是经辐射灭菌的成品。

6. 垫料消毒

有一些牛场，为增加奶牛舒适度，牛床采用沙土、锯末子或者稻壳等垫料。采用沙土作为垫料的牛乳房炎发病率较低，但是用锯末子或者稻壳作为垫料的奶牛乳房炎发病率显著增加。因次，应该做好垫料消毒或经常更换垫料，根据垫料使用情况，一般1周更换一次垫料。

（1）紫外线照射消毒，少量的垫料可以直接用紫外线等照射1～2小时，可以杀灭大部分微生物。

（2）阳光照射消毒，是一种经济、简单的方法。将垫草等放在烈日下暴晒2～3小时，能杀灭多种病原微生物。

（3）化学消毒法，常使用过氧乙酸原液的0.4%溶液均匀喷洒消毒，使用量为：0.4%的过氧乙酸原液：垫料＝1升：10千克，扎口封闭24小时后备用。因为过氧乙酸溶液容易挥发、分解，其分解产物是醋酸、水和氧，因此用过氧乙酸消毒，不会留下任何有害物质，对人员不会造成伤害。

7. 污水的无害化处理

养殖污染防治应遵循减量化、无害化、资源化和综合利用的原则。废弃物在进行资源化利用时必须首先达到无害化水平才能用。无害化处理是指用物理、化学或生物学等方法处理带有或疑似带病原体的动物尸体、动物产品或其他物品，达到消灭传染源、切断传播途径，破坏毒素，保护人畜健康安全的目的。奶牛场（小区）多实行粪尿分开的干清粪工艺，即干粪由机械或人工收集、清扫、运走，尿和污水由浅明沟或暗沟排出牛舍。流出的尿和污水首先经过过滤沉淀装置，实行固液分离；然后进行一定的化学处理，中和废水中的酸或碱，加入混凝剂清除废水中的悬浮物、胶体、油脂等；最后废水再进行一定的生物处理，厌氧发酵和好氧发酵降解水体中的有机物及有毒有害物质，最终达到无害化标准。氧化塘法是目前最简单、经济、常用的处理奶牛场废水的方法。另外，活性污泥法、人工湿地、矿化垃圾处理技术和CFW型畜粪污水处理技术等目前推广应用较少。

氧化塘处理技术　氧化塘法具有建设费用少、运行成本低、操作和维护简单等优点，所以目前奶牛场污水处理主要采用氧化塘法。氧化塘是指主要利用微生物和藻类对废水进行生物处理的水塘，按照水塘内占优势的生物的种类，可以分为厌氧塘、兼性塘、好氧塘等。有时为了提高污水处理率，减少占地面积，还会增加水生植物菌。由于串联较之单塘可明显的提高氮、磷去除率，改善水质，减少占地面积，所以奶牛场常将多种功能的氧化塘串联在一起增加污水处理效果，称之为稳定塘。

① 氧化塘工作原理　氧化塘处理污水的过程实质上是一个水体自净的过程。在净化过程中，既有物理因素（如沉淀、凝聚），也有化学因素（如氧化和还原）以及生物因素。其中生物因素起主要作用。在氧化塘中，废水中有机物主要是通过细菌和藻类去除的。菌类氧化分解有机物产生能量、二氧化碳、无机盐（如铵盐、磷酸盐），能量用于细菌合成新的细胞，二氧化碳、无机盐为藻类提供了光合作用的原料和生命活动所需的营养物质，同时也消除了代谢产物对细菌的反馈抑制作用；藻类的光合作用，又为菌类提供了生命活动所需要的氧气，保证了有机物好氧分解的连续进行。另外，某些藻类也能通过异养作用进行新陈代谢。正常情况下，微生物和藻类相辅相成，不断降解污水中的物质，净化水质。

污水经氧化塘处理后，对难生化降解的有机物、氮磷等营养物和细菌的去除率都高于常规二级处理，部分达到三级处理的效果，能够达到《畜禽养殖业污染物排放标准》（GB 18596—2001）的规定。

② 氧化塘处理工艺

A. 预处理　废水在进入氧化塘前应通过沉砂池和沉淀池进行预处理，以去除较大的颗粒和悬浮物，使污泥具有良好的流动性，减少底泥淤积造成的氧化塘有效容积减少、污水停留时间缩短、有机物去除率下降等问题，同时也减少对后续氧化塘的负荷。另外，在沉砂池中还应配备相关的清理设备，便于定期清理。

B. 厌氧塘　厌氧塘依靠厌氧菌的厌氧代谢活动，使有机底物得到降解。厌氧塘有机负荷高，耐冲击负荷较强，但一般只能作初步处理，常置于氧化塘系统的首端，以承担BOD较高的负荷，在其后再设兼性塘、好氧塘、水生植物塘等做进一步处理，来减少所需后续兼性塘和好氧塘的容积。

一般厌氧塘塘内坡度为1：（2～3），有效水深为3.0～5.0米。若深度过大，会使塘底的水温过低，不利于厌氧反应的进行。由于厌氧塘池深较大，贮存的污泥容积较大，所以占地较少，但由于厌氧塘通常位于稳定塘系统之首，污水停留时间长（为30～50天），会截留较多的污泥，净化速率低，所以至少应有两座厌氧塘并联，以便轮换除泥。另外，厌氧塘有机物降解过程中臭味较大，在建设时要注意远离生产区。

C. 兼性塘　兼性塘的有效水深一般为1.5～2.0米，从上到下分为三层：上层为好氧区，中层为过渡区（厌氧和好氧发酵兼有），塘底为厌氧区。水上层由于藻类的光合作用和大气覆氧作用而含较多溶解氧，有机物在好氧菌的作用下进行氧化分解；中层过渡区溶解氧含量较低，且时有时无，其中存在的异养兼性细菌既能利用水中的少量溶解氧对有机物进行氧化分解，同时，在无氧条件下，还能以 NO、CO_2 作为电子受体进行无氧代谢；塘底为厌氧区，不存在溶解氧，其中的厌氧微生物对沉积在底部的物质（老化藻类和污水中固形物）进行厌氧发酵，形成10～15厘米厚的污泥层。其中，废水中有机物主要经上层好氧微生物氧化分解。

兼性塘耐冲击负荷能力较强，处理污水能力高，出水水质好。一般系统中兼性塘不少于3座，多串联，其中第一塘的面积比较大，占总面积的30%～60%。塘内坡度为1：（2～3），有效水深一般为0.6～1.5米。

D. 好氧塘　好氧塘全塘皆为好氧区，好氧细菌和藻类将有机污染物转化为无机物。好氧塘水力停留时间较短，降解有机物的速度很快，处理程度高，多串联在其他稳定塘后做进一步处理。但出水中含有大量的藻类，需进行除藻处理，对细菌的去除效果也较差。好氧塘多采用矩形塘，水深较浅，一般在0.2～0.5米，塘内坡度为1：（2～3）。好氧塘应该建在温度适宜、光照充分、通风条件良好的地方，以保证藻类的光合作用提供足够的氧气和加强水面大气覆氧。

E. 水生植物塘　实际生产中为了提高氧化塘的处理效率，还会设置水生植物塘。水生植物的光合作用能有效地吸收污水中的氮、磷等营养物质及其他污染物并达到相当高的去除率，使出水进入受纳水体后富营养物和许多种难降解有机化合物的污染能被消除。水葫芦、浮萍、芦苇及水葱等是常用的污水净化植物。

③ 稳定塘设计注意事项

A. 因稳定塘占地较多，所以应尽可能利用使用价值低的土地，如废旧河道、沼泽地、塘坝、低洼地等；若有高度差，应充分利用，在丘陵地区可设计成为阶梯式氧化塘。因厌氧塘发酵产生臭气，或者春、秋季翻池也会散发臭气，所以氧化塘应建在远离居民区的地方，并位于其主导风向的下风向；另外，在设计规划时，还应综合考虑牛场冲洗用水、灌溉、养殖等处理水综合利用的问题，达到经济、环境、社会效益的统一。

B. 为保证污水处理效果，氧化塘多为串联塘，塘数一般不少于 3 个。

C. 塘形如为矩形，长宽比应大于 3∶1，拐角处应作成圆角，以避免死区。

D. 尽量设置导流墙，横向导流长度为塘宽的 0.8 倍，纵向导流墙长度为塘长的 0.7 倍，以避免在塘内产生短流、沟流、返混和死区。

E. 塘底应充分夯实，并且尽可能平整，塘底的竣工高差不得超过 0.5 米。

F. 一般的矩形塘，进水口宜设置在 1/3 池长、距塘底 0.5 米处，厌氧塘进水应接近底部的污泥层。少数情况下，稳定塘采用方形或圆形，进水口宜设置在接近中心处，以多点进水为佳。

G. 设置出水口时应考虑是否能适应塘内不同水深的变化要求，出水口宜在不同高度的断面上，设置可调节的进出水孔，每个进出口均应设置单独的闸门。

H. 进水口和出水口之间的直线距离应该尽可能大，通常采用对角线布置，且宜采用多点进水和多点出水，以使塘的横断面上配水均匀。

④ 氧化塘运行注意事项

A. 氧化塘的处理效率受温度影响。低温条件下细菌数量少、活性差、藻类浓度也低，供氧能力大大减少，远不能满足细菌代谢活动所需的氧，因此缺氧也是氧化塘冬季处理效率下降的主要原因之一。有试验证明，在塘水最缺氧的时段—冬季或早晨和傍晚进行曝气充氧，可以提高塘水的细菌浓度及其活性，弥补低温对细菌活性的影响，提高 BOD 去除率。间歇性曝气比曝气塘运行费用低，也更利于塘中微生物系统的稳定。常用的曝气器械有鼓风曝气机、表面曝气机、水平轴转刷曝气机等。另外，在安装曝气装置时，将其置于多级串联塘中后面的某一级，污水处理效果更佳。

B. 氧化塘运行过程中，水中的悬浮固体将产生污泥蓄积，导致氧化塘的容积减少、有机物去除效率下降，因此要适时地对氧化塘进行底泥清除与处理。

氧化塘的底泥主要有两大来源，即流入污水中悬浮固体的沉积和塘中藻类（有的塘还包括水生植物）的沉积；此外，塘中溶解性有机物经微生物代谢后的残留物也会沉于塘底形成底泥。清理出的污泥中含有较丰富养分（氮、磷、钾、有机质等），将其经一定堆肥处理后农用是一种有效的处置方式。由于污泥的碳氮比较低，含水量较高，因此用污泥进行堆肥时需加入适量的调理剂以调节碳氮比和水分含量。常用的调理剂有木屑、稻草、树叶等。

⑤ 被病原体污染的污水，可用化学药品、臭氧消毒和紫外线等进行消毒。比较实用的是化学药品处理法。

加氯消毒是目前应用最广泛、最为经济的消毒工艺。其常用的方法有液氯法和次氯酸法。方法是先将污水处理池的出水管用一木闸门关闭，将污水引入污水池后，加入化学药品（如漂白粉或生石灰）进行消毒。消毒药的用量视污水量而定（一般 1 升污水用 2～5 克漂白粉）。消毒后，将闸门打开，使污水流入渗井或下水道。目前，加氯消毒的技术无论在国内还是国外都发展得比较成熟，相关的设备故障率及运行成本也比较低。但其最大的问题是会产生一些被认为是对人体有害的消毒副产物，比如三氯化碳、卤乙酸等，这些物质的毒性影响通常都是长期的。

8. 粪便的无害化处理

奶牛场（小区）生产过程中产生的粪便、垫料、废饲料都统称为粪污。集约化奶牛养殖的清粪工艺分为两种，即干清粪工艺和水冲粪工艺。《畜禽养殖业污染防治技术规范》中指出畜禽养殖场应采取干法清粪有效措施将粪及时、单独清出，不可与尿、污水混合排出，并将产生的粪渣及处理场所实现日产日清。对牛粪的无害化处理及利用技术有牛粪堆肥化处理、生产沼气和建立"草—牛—沼"生态系统综合利用等。

（1）堆肥处理 堆肥发酵是目前国内奶牛场（小区）普遍应用的一种粪污处理方式。在堆肥发酵过程中好氧微生物发酵产热会使温度逐渐升高并保持在 $60 \sim 70 \, ℃$，能有效杀灭其中的有害病菌、病毒、寄生虫卵和杂草种子等有害元素，祛除臭味，达到无害化标准。经过好氧堆肥发酵后的粪便应满足《城镇垃圾农用控制标准》（GB 8172—1987）和《粪便无害化卫生标准》（GB 7959—2012）。堆肥方式有静态堆肥和装置堆肥两种。

① 静态堆肥不需要专门的堆肥设施。在距牛场 200 米以外的地方设一堆粪场。在地面挖一浅沟，深约 20 厘米，宽 1.5～2 米，长度不限，随粪便多少而定。先将非传染性的粪便或蒿秆等堆至 25 厘米厚，其上堆放欲消毒的粪便、垫草等，高达 1～1.5 米，然后在粪堆外面再铺上 10 厘米厚的非传染性的粪便或谷草，并覆盖 100 米厚的沙子或泥土。如此堆放 60～70 天即可用以肥田。当粪便较稀时可以先晾干或者添加玉米秸秆、稻壳等辅助材料降低湿度（使水分降低到 55％～70％），而且可以增加混合材料的空隙，为粪堆中的微生物提供氧气，保证好氧发酵的进行。太干时倒入稀粪或加水，以促其迅速发酵。

② 装置堆肥是指在堆肥过程中，利用专门的堆肥设施，控制堆肥所需的温度和空气而使粪便腐熟。装置堆肥用到的发酵设施有开放型发酵设施、密闭型发酵设施及堆积型发酵设施。开放型发酵设施放置在温室内用搅拌机强制搅拌翻转。密闭型发酵设施，原料

在隔热发酵槽内搅拌、通风和发酵，分纵型和横型两种。堆粪场所应采用硬化地面，以防下渗。

（2）沼气发酵法 利用牛粪有机物在高温（35～55 ℃）厌氧条件下经微生物（厌氧细菌，主要是甲烷菌）降解成沼气，同时杀灭粪水中大肠杆菌、蠕虫卵等。整个沼气发酵过程分为三个阶段：微生物胞外酶将有机化合物水解成简单的可溶性化合物；产酸菌将简单有机物分解产生乙酸、丙酸等挥发酸；产甲烷菌将有机酸转变为甲烷和二氧化碳。沼气发酵产物应符合《粪便无害化卫生标准》（GB 7959—2012）。沼气发酵产生的沼气可作为一种能源物质用于发电和生活用能，沼渣和沼液可用作饲料和作物肥料。

沼气发酵及利用可以将畜牧业与种植业有机结合起来，充分利用了农业资源，达到了农业废弃物减量化、资源化、无害化的要求，是一项高效的可持续发展技术，在规模化牛场很有推广意义。但目前沼气发酵存在以下问题：①沼气工艺需要较复杂的仪器来控制温度和pH，投资大、成本高。②在北方外界温度低，沼气发酵越冬有困难，为使消化器保持在微生物活动的最佳条件，还需消耗大量能源。③沼气罐易老化，发酵效果降低。④消化器流出物存在潜在污染，需作进一步处理。

（3）蚯蚓养殖综合利用 利用牛粪养殖蚯蚓近年来发展很快，日本、美国、加拿大、法国等许多国家先后建立了不同规模的蚯蚓养殖场，我国目前已广泛进行人工养殖。利用粪肥养殖蚯蚓的场地，地面为水泥面或用砖铺设，以养殖蚯蚓的规模决定场地面积。

（4）大力推进健康养殖模式 健康养殖模式多是与农业生产结合，形成一个完整的生态系统链条，有"牛—沼—果（菜）""牛—菌—沼—果（菜）""草—牛—沼—草""牛—沼—鱼—果（菜）"等生态模式，把沼气作为生态农业的纽带，产生的沼渣作为高质量的肥料再进入种植环节，健康养殖模式并不是固定而一成不变的，应根据当地的气候条件、农业生产特点、养殖规模等诸多方面综合考虑，根据实际情况科学规划，同时兼顾经济效益、社会效益和生态效益。

9. 有害气体的控制

牛舍内有害气体主要是牛的粪尿挥发产生的有害气体，如氨气、硫化氢、一氧化碳和二氧化碳等，氨不应超过 0.002 6%，一氧化碳不应超过 0.002 4%，二氧化碳不应超过 0.15%。处理时，应在注意通风换气的同时，及时打扫，利用地沟等把粪便、尿污及时清理出牛舍；并可利用化学法除臭，如过磷酸钙、过氧化氢、高锰酸钾、硫酸铜、苯甲酸及乙酸等均有抑臭作用。过磷酸钙可减少空气中的氨；40%硫酸铜和熟石灰处理垫料能有效控制氨气 21 天左右；用 2%苯甲酸或乙酸处理垫料能在 15～20 天内降低氨气含量。另外，按可利用氨基酸等新技术，科学地配制理想蛋白日粮，以降低粪尿中氨氮、硫化氢等的排泄量。研究结果表明，日粮中粗蛋白的含量每降低 1%，氨的排出量就减少 8.4%左右，如将日粮中的粗蛋白从 18%降到 15%，就可使氨的排出量减少 1/4。但降低饲料粗蛋白，不应使生产性能受到影响，措施是满足家畜的有效氨基酸需要。另外，添加酶制剂既可提高饲料的利用率，也可减少氨的排出量。

10. 尸体的无害化处理

根据《中华人民共和国动物防疫法》中的定义，动物尸体是指家畜家禽和人工饲养、合法捕获的其他动物死亡后的完整或部分躯体。动物尸体尤其是病死家畜若不适当处理，尸体腐烂变质不仅会产生恶臭，污染空气，影响环境卫生，同时也会成为一个传染染源，传播、扩散疾病，危害人畜健康。所有病死奶牛应按照《病害动物和病害动物产品生物安全处理规程》（GB 16548—2006）的规定进行无害化处理（一级控制点），奶牛场最常用的尸体无害化处理技术有掩埋法，另外焚烧、高温蒸煮和化制等方法有时候也会用到。

（1）掩埋　土埋法是一种最简单、最常用的有效处理动物尸体的方法。是将牛尸体直接埋入土壤中，微生物在厌氧条件下分解牛尸体，杀死大部分病原微生物。但此法只适用于处理非传染病死亡的个体。良好农业规范（GAP）要求应有受控专用场所或容器储存病死畜禽，且该场所或容器应易于清洗和消毒，所有病死畜禽应远离畜栏，所以在选取土埋地点时应注意：土埋点应在感染的饲养场内或附近，远离居民区、水源、泄洪区和交通要道；地势高燥，土壤渗透性低；避开公众视野，且清楚标示。土埋坑的大小应根据死亡动物尸体量定（包括尸体的数量和重量），一般不小于动物总体积的 2 倍。若因地质原因不能在一个坑中掩埋，可另外在相隔至少 1 米以外地方挖掘掩埋点。将坑底铺 2～5 厘米的石灰，尸体投入后（将污染的土壤、捆绑尸体的绳索一起抛入坑内），再撒上一层石灰，填土夯实。坑周围应洒上消毒药剂。另外，污染的饲料、排泄物和杂物等物品，也应喷洒消毒剂后与尸体共同深埋。土埋坑的覆盖土层厚度即从坑沿到尸体上表面的深度不得少于 2 米，且要高出周边地面 0.5 米左右，并设置明确掩埋标识。

（2）焚烧　焚烧是指将牛尸体投入焚化炉中或焚尸坑烧毁炭化。是销毁尸体、消灭病原最彻底的方法，但消耗大量燃料，所以非烈性传染病尸体不常应用。焚烧尸体要注意防火，选择离村镇较远，下风头的地方。如果没有焚尸炉可挖掘焚尸坑。焚烧尸体有以下几种方法：

① 十字坑　按十字形挖两条沟，沟长 2.6 米、宽 0.6 米、深 0.5 米。在两沟交叉处的坑底堆放干草和木柴，沟沿横架数条粗湿木棍，将尸体放在架上，在尸体的周围及上面再放上木柴，然后在木柴上倒以煤油，并压以砖瓦或铁皮，从下面点火，直到把尸体烧成黑炭为止，并把它掩埋在坑内。

② 单坑　挖一长 2.5 米、宽 1.5 米、深 0.7 米的坑，将取出的土堆在坑沿的两侧。坑内用木柴架满，坑沿横架数条粗湿木棍，将尸体放在架上，以后处理如①法。

③ 双层坑　先挖一长、宽各 2 米，深 0.75 米的大沟，在沟的底部再挖一长 2 米、宽 1 米、深 0.75 米的小沟，在小沟沟底铺以干草和木柴，两端各留出 18～20 厘米的空隙，以便吸入空气，在小沟沟沿横架数条粗湿木棍，将尸体放在架上，以后处理如①法。

（3）化制　将病死动物尸体放入特制的加工器中进行炼制，达到消毒的目的，同时保留油脂、骨粉、肉粉等作工业用或动物饲料。尸体化制时要求有一定的设备条件，化制分为湿法化制和干法化制两种。湿法化制是利用湿化机，将整个尸体进行化制（熬制工业用油）。干法化制是将牛尸体投入干化机化制。化制处理后应进行清污消毒。在基层可采用土法化制方法，将尸体或组织块放在有盖铁锅内进行烧煮炼制，直至骨肉松脆为止。

（4）发酵　将尸体抛入尸坑内，利用生物热的方法进行发酵分解，从而起到消毒除害的作用。尸坑一般为井式，深9～10米，直径2～3米，坑口有一木盖，坑口高出地面30厘米左右。将尸体投入坑内，堆到坑口1.5米处时盖封木盖，经3～5个月发酵处理后，尸体即可完全腐败分解。

11. 发生传染病后的消毒

（1）圈舍消毒　动物发生传染病以后消毒分为临时消毒和终末消毒两种类型。

① 临时消毒也称为患病期消毒。

A. 当牛群出现腹泻疾病时，将发病牛群调圈，对该圈栏进行清扫（冲洗）、药物消毒、干燥。水泥床面和水洗后易干燥的牛舍需要用水冲洗。供选择的消毒药物有5%火碱水溶液、双季铵盐络合碘、过氧乙酸、双季铵盐类。采用消毒药推荐的最高浓度，每平方米床面火焰消毒70秒。

B. 出现腐蹄病等疾病时，舍内走廊用5%火碱水溶液，地面用双季铵盐、络合碘或过氧乙酸消毒。

C. 出现呼吸道或其他疾病时，进行清扫、通风、带畜消毒。圈面清扫冲洗，用5%的火碱水溶液消毒，再火焰消毒每平方米70秒。

② 终末消毒一般按牛舍粪清除→机械清洁→高压水枪冲洗→通风干燥→化学药物消毒→冲洗→干燥→生石灰粉刷→甲醛熏蒸→密闭2天→通风→进畜禽的顺序进行，整个消毒过程不少于15天。可用2%～3%的火碱水，用水1:1稀释的甲醛，20%的石灰水等消毒药剂对牛舍进行喷洒消毒2～3遍。消毒后对密闭的牛舍用甲醛或者过氧乙酸熏蒸消毒。

（2）**牛的运动场消毒**　如果是硬化（水泥或沥青）的场地，消毒方法同圈舍消毒。若运动场是面积较大的泥土场地，注意土壤的消毒。不同种类的病原微生物在土壤中生存的时间有很大差别，一般无芽孢的病原微生物生存时间较短，几小时到几个月不等，而有芽孢的病原微生物生存时间较长，如炭疽杆菌芽孢在土壤中可存活十几年以上。土壤消毒时，生物学和物理学消毒因素发挥着重要作用，疏松土壤可增强微生物间的颉颃作用，使其能充分接受阳光紫外线的照射；化学消毒时常用的消毒剂有漂白粉或 5%～10%漂白粉澄清液、4%甲醛溶液、10%硫酸苯酚合剂溶液、2%～4%氢氧化钠热溶液等。消毒前应首先对土壤表面进行机械清扫，被清扫的表土、粪便、垃圾等集中深埋或生物热发酵或焚烧，然后用消毒液进行喷洒，每平方米用消毒液 1 000 毫升。

（3）**污染场所及污染器具消毒**　在疫病流行的牧场，如果牛场被病原严重污染，首先确定病原微生物种类，选择适宜的消毒药品、适宜的浓度，对运动场、牛舍地面、墙壁和运输车辆等进行全面彻底的消毒。先将粪便、垫草、残余饲料、垃圾加以清扫，堆放在指定地点，进行发酵处理或焚烧及深埋。对地面、墙壁、门窗、饲槽用具等进行严格的消毒或清洗，每天进行 1 次，直至病牛、阳性牛、可疑牛痊愈后 15 天以后才可减少消毒次数。奶牛场的金属设施、设备可采取火焰、熏蒸等方式消毒；饲槽、饲养工具、牛栏、天棚、舍内地面、墙屉、粪尿沟、分娩室等可用 2%火碱、5%来苏儿或氯制剂等有效消毒药消毒，每天进行 1 次。

①　被病畜（禽）的排泄物和分泌物污染的土壤地面，可用 5%～10%漂白粉溶液、百毒杀或 10%氢氧化钠溶液消毒。

②　停放过芽孢菌所致传染病（如炭疽、气肿疽等）病畜尸体的场所，或者是此种病畜倒毙的地方，应严格加以消毒，首先用 10%～20%漂白粉乳剂或 5%～10%优氯净喷洒地面，然后将表层土壤掘起 30 厘米左右，撒上干漂白粉并与土混合，将此表层土连同尸体一起运出并焚烧或掩埋。在运输时应用不漏土的车以免沿途漏撒，如无条件将表层土运出，则应多加干漂白粉，用量为 1 米^2

加漂白粉5千克，将漂白粉与土混合，加水湿润后原地压平。如为一般传染病，漂白粉用量为每平方米0.5～2.5克。若为水泥地面，使用消毒液喷洒消毒。

③ 运送尸体的车辆车厢不能漏液，为防止漏液可以将车厢铺上塑料薄膜，最后将捆绑病死动物的绳索等器具连同尸体一起掩埋或者焚烧。

④ 污染的金属器械如铁锹、水桶等可进行火焰消毒70秒，不耐热器械可用消毒液浸泡，如来苏儿、过氧乙酸、聚维酮碘等。

（4）道路的消毒 可用10%浓度的漂白粉溶液或0.5%浓度的过氧乙酸溶液（200毫升/米²）喷洒。如泥土场地应掘起表层土撒漂白粉，混合后深埋；水泥、柏油场地、道路可选用2%～3%浓度的烧碱溶液喷洒消毒，消过毒的地方要反复冲洗，每天消毒1次。

（5）运输工具的消毒 运载工具可能因经常运输动物或其产品而被污染，装运前后和运输途中若不进行消毒，可能会造成运输动物的感染及动物产品的污染，严重时会引起病原沿途散播，造成疫病流行。因此，装运动物及其产品的运载工具，必须进行严格的消毒。动物及其产品运出县境时，运载工具消毒后应由兽医防检机构出具消毒证明。

① 运输前的消毒 在装运动物或产品前，首先对运载工具进行全面的清扫和洗刷，然后选用2%～5%漂白粉澄清液、2%～4%氢氧化钠溶液、4%福尔马林溶液、0.5%过氧乙酸、60毫克/升次氯酸钠、1∶200的碘伏或优氯净（抗毒威）或20%石灰乳等进行消毒，每平方米用量为0.5～1升。金属笼筐也可使用火焰喷灯烧灼消毒。

② 运输途中的消毒 使用火车、汽车、轮船、飞机等长途运送动物及其产品时，应经常保持运载工具内的清洁卫生。条件许可时，每天打扫1～2次，清扫的粪便、垃圾等集中在一角，到达规定地点后，将其卸下集中消毒处理。途中可在运载工具内撒布一些漂白粉或生石灰进行消毒。如运输途中发生疫病，应立即停止运

输，并与当地兽医防检机构取得联系，妥善处理患病动物，根据疫病的性质对运载工具进行彻底的消毒。发生一般传染病时，可选用2%～4%的氢氧化钠热溶液、3%～5%来苏儿溶液喷洒。清除的粪便、垫料等垃圾，做集中堆积发酵处理；发生烈性传染病时，应先用消毒液进行喷洒消毒，然后彻底清扫，清扫的粪便、垫料等垃圾堆积烧毁，清扫后的运载工具再选用10%漂白粉澄清液、4%福尔马林溶液、0.5%过氧乙酸、4%氢氧化钠溶液进行消毒，每平方米使用消毒液1升，消毒半小时后，用70℃热水喷洗运载工具内外，然后再使用消毒液进行一次消毒。

③ 运输后的消毒　若运输途中未发生疫病，运输后先将运载工具进行清扫，然后可按运输前的消毒方法进行消毒，或用70℃的热水洗刷。若运输途中发生过疫病，运输后运载工具的消毒可参照前述方法进行。

④ 运载工具消毒注意事项　应注意根据不同的运载工具选用不同的消毒方法和消毒药液，同时应注意防止消毒液沾污运载工具的仪表零件，以免腐蚀生锈，消毒后应用清水洗刷一次，然后用抹布仔细擦干净。

(6) 疫区的消毒　疫区通常是指以疫点为中心，半径3～5千米范围内的区域。疫区消毒的原则、程序和方法参照疫点的消毒进行。需要注意的是，疫区的范围更广，消毒时应仔细考虑当地的饲养环境和天然屏障（如河流、山脉等），充分调动当地的人力和物力，同时应注意与其他传染病控制措施配合，搞好传染源的管理、疫区的封锁、隔离、杀蝇、防蝇、灭鼠、防鼠、灭蚤和防鸟，搞好饮用水、污水、食品的消毒及卫生管理，搞好环境卫生，加强对易感动物群的保护。

(7) 受威胁区的消毒　受威胁区通常是指疫区周边外延5～30千米范围内的区域。受威胁区内的养殖场、动物集贸市场、动物产品加工厂、交通运输工具等场所应该加强预防消毒工作，定期用消毒剂喷洒受威胁区内的养殖场和动物集贸市场；饲料和粪便等要深埋、发酵或焚烧；刮擦和清洗笼具等所有物品，并彻底消毒。屠宰加工、贮藏等场所的所有设备、桌子、冰箱、地板、墙壁等要冲洗干净，用消毒剂喷洒消毒；所用衣物用消毒剂浸泡后清洗干净，其他物品都要用适当的方式进行消毒；产生的污水要进行无害化处理。

12. 牛体消毒

（1）皮肤消毒　　清洗和洗刷是保持皮肤卫生最普通的方法。对皮肤消毒时，要考虑健康皮肤与受损皮肤两种情况。

① 对健康皮肤的消毒应在皮肤受到外界病原微生物污染时进行。常用消毒剂（皮肤消毒剂）有乙醇、过氧化氢、碘酊、酚、煤酚皂溶液、阳离子肥皂等。

② 对皮肤受损部分进行消毒则是杀灭损伤部位可能存在的病原微生物，具有预防及治疗双重作用，常用消毒剂有过氧化氢、酚和碘酊等。对受伤皮肤进行消毒时，要考虑损伤程度、部位以及其他情况。

（2）黏膜消毒

① 上呼吸道黏膜的消毒　　正常动物的上呼吸道都存在正常菌群和一部分致病菌，发病动物携带的致病菌则更多，在一些动物中呈持续携带状态，金黄色葡萄球菌则是动物鼻腔寄生的正常菌群。当动物携带的是一种流行性菌株时，则能导致该病的暴发，因此在携带致病菌的动物中必须使用抗菌剂至鼻腔，以减少或消除致病菌，抗菌剂包括新霉素、枯草杆菌素等。每天涂抹数次，效果较好，能减少或除去许多动物鼻腔携带的致病菌，但处理期需长至14 天以上。常用的抗菌剂有硝酸银、蛋白银溶液或碘甘油，可直接涂抹鼻黏膜。蛋白银溶液或复方硼酸溶液可作气雾喷涂。

② 口腔黏膜的消毒　　由于唾液的稀释作用，酒精类制剂对口腔黏膜的消毒没有作用，因此，含碘水溶液、碘化钾、碘伏等碘制剂成为口腔黏膜消毒常用的药物；或用过氧化氢溶液或高锰酸钾溶液、复方硼酸溶液等洗涤口腔。碘甘油或硝酸银溶液等局部涂抹对口腔黏膜均能起到一定的消毒作用。

（3）修蹄消毒　　修蹄消毒须先对牛蹄进行清水冲洗，对发病牛蹄须用新洁尔灭稀释液或菌毒灭稀释液进行洗刷消毒或浴蹄，然后再用药物处理。修蹄后用碘酒涂擦修过的蹄面，或用蹄泰（牛蹄专用喷雾消毒剂）对蹄面进行喷雾消毒。

（4）蹄浴　蹄浴是目前牛场中常用的蹄保健方法之一，其效果虽未明确，但被公认为具有清洁和消毒的作用。常用蹄浴的方式有两种，一种为湿浴，另一种为干浴。湿浴视牛群规模和牛场建设情况，可用蹄浴池蹄浴，也可用喷壶等工具逐头喷洒蹄部；干浴使用干粉制剂蹄浴，可直接将蹄浴剂撒于奶牛必经的避风通道地面，当奶牛从其表面走过时起到蹄浴的作用。

①　蹄浴方法　蹄浴前，要彻底清洁牛蹄表面，使蹄壳和蹄部皮肤能够充分浸泡到药物。蹄浴池是奶牛蹄浴的主要设施，常建于挤奶厅出口的通道上。通常，蹄浴池长3米，宽大约90厘米，深12～15厘米。如有条件可在通道上建两个蹄浴池，前一个放入清水，起清洁牛蹄的作用；后一个放入蹄浴液。中间可留1.5～2米的间隔，铺设胶垫或海绵，避免药浴液被牛蹄上带出的水稀释。每个蹄浴池池底最低点处应设置排水孔，以便清理废液及排出废水。蹄浴时，蹄浴液的深度为8～10厘米，确保完全浸没牛蹄。奶牛蹄浴后应在干燥洁净的环境中保持30分钟，这样可使蹄浴液发挥其作用，每次用完的蹄浴液应排入粪池内，废液即可被牛场内的污水、污粪稀释而失去效力，经一段时间后可用于农田内。

②　蹄浴消毒剂的选择　湿浴方法根据所选的制剂可分为护蹄性蹄浴和治疗性蹄浴。常用的护蹄性蹄浴液为福尔马林溶液、硫酸铜溶液、硫酸锌溶液等；治疗性的蹄浴液为土霉素溶液、四环素溶液、林可霉素溶液等。干浴方法可用硫酸铜和熟石灰混合物、密斯陀等。

A. 福尔马林溶液（3%～5%）是最经济的蹄浴液。该制剂对指（趾）间皮炎具有很好的控制效果，同时也对腐蹄病的预防具有一定的作用，也可与抗生素溶液交替使用以控制蹄皮炎。使用福尔马林溶液蹄浴时，在牛群清洁的情况下，蹄浴池每500～600头牛蹄浴后，应排空蹄浴池内的溶液更换新配制的溶液；如果蹄浴前未清洁牛蹄，或蹄浴池被牛粪污染，则需提高更换福尔马林溶液的频率，可调整为每通过 200～300 头牛更换 1 次，以保证蹄浴效果。福尔马林溶液有非常好的抑菌效果和部分硬化表皮的功能。

　蹄浴所用的福尔马林溶液越浓效果越好，但对奶牛的皮肤造成化学灼伤的危险性也越大。因此，使用福尔马林溶液蹄浴时，可根据奶牛蹄冠处被毛的状况评价使用浓度和使用频率。如果蹄冠处被毛稀疏或皮肤发红，则停止使用福尔马林溶液蹄浴。正常情况下，奶牛可耐受 3%～6% 福尔马林溶液每天 2 次，连续蹄浴 3 天，这种福尔马林溶液蹄浴方法可每 3 周重复使用 1 次。如环境条件十分恶劣，可视情况提高福尔马林溶液浓度。在低于 13 ℃ 条件下，使用福尔马林溶液无抑菌效果。由于其气味具有强刺激性，对人和牛的身体造成损伤，在一定环境下，也可能造成牛奶污染，使用福尔马林溶液蹄浴时，需在通道出口处使用。目前，世界上很多地区已禁用福尔马林作为蹄浴液。

　B. 硫酸铜和硫酸锌溶液　4% 的硫酸铜溶液和 5%～10% 硫酸锌溶液对指（趾）间皮炎也有很好的控制效果，同时对腐蹄病的控制也有一定作用。配制硫酸铜溶液时，用热水溶解效果较好，如果水的硬度较大，配制溶液时可加入少量醋加速硫酸铜的溶解。使用硫酸铜蹄浴前，彻底清除蹄浴池内的铁器或其他金属，以免铜离子与其他金属发生置换作用而降低溶液的有效浓度。因硫酸铜会污染环境，应注意废液的回收处理。硫酸锌对牛蹄无刺激性，可每天蹄浴一次，其护蹄机制目前尚不清楚。但如果硫酸盐溶液被粪便污染便会很快失去活性，建议用硫酸盐溶液蹄浴时提前做好蹄病清理工作，且蹄浴池每通过 200 头牛后应更换蹄浴液。

　C. 抗生素溶液　选用抗生素溶液蹄浴是一种非常通用的蹄皮炎治疗、控制和预防的方法。常用制剂有 0.1% 四环素溶液、0.1% 土霉素溶液或 0.01% 林可霉素溶液。用抗生素蹄浴的成本较高，可通过使用喷壶蹄浴减少抗生素的用量以降低成本。每种抗生素的使用周期不可超过 6 个月，以免产生耐药菌株。用抗生素溶液治疗蹄皮炎时，可连续给药 2～3 天，每 7 天重复 1 次。如治疗效果不佳，可在两次用药间用福尔马林溶液蹄浴。通常情况下，用抗生素溶液蹄浴不会在血液中检出所用抗生素。

D. 干浴蹄浴剂　干浴蹄浴法常用硫酸铜与熟石灰的混合物作为蹄浴剂，配制比例为硫酸铜∶熟石灰＝1∶9。使用时可将混合物撒于避风、干燥的奶牛必经通道表面，厚度约2厘米即可，也可使用适宜的工具或干燥的蹄浴池蹄浴。密斯陀也可以用于预防与治疗蹄病。使用时用铁皮或其他材料制作深15厘米以上的槽子，撒上密斯陀，每月集中1周，每天对易发病牛进行浸泡。应尽量保证不让奶牛在操作过程中排泄。并且每头个体牛浸泡后用铁锹将槽子中的密斯陀粉整平。对于栓系饲养的并在卧床上挤奶的模式，可在每次挤奶时将密斯陀粉直接涂抹于蹄缝中，连续操作1周，密斯陀有很好的附着力，不易脱落。在削蹄后，也可直接将密斯陀涂抹在蹄缝中再进行包扎。

③ 蹄浴频率　除蹄浴液/剂外，蹄浴频率也是影响蹄浴效果的一个重要因素。感染性蹄病发病率较低的牛场，夏季每周蹄浴2次，冬季每周蹄浴1次即可达到理想的护蹄效果；但对于发病率较高的牛场，除明确蹄病的主要类型，选择有效的蹄浴液/剂外，还需加强环境管理和提高蹄浴的频率，以保证蹄浴的效果。

(5) 去角操作　常用的去角方法有两种，烫角器电烙法与除角膏涂抹法。

① 电烙法去角　一般在犊牛出生后15～21天进行。首先将犊牛头部保定于颈枷，防止头部摆动。用手触摸两角根的隆起处，使用5％碘酊消毒两角根处的皮肤。接通电热去角器电源加热2～3分钟，使电热器达到高温状态后，术者手持电热器去角端对准角根部皮肤用力按压，此时局部皮肤焦化，烫入的深度为破坏角根的生发层，被烫的局部皮肤可完整地脱落下来。同法去除另一个角。烫角处用5％碘酊消毒，土霉素软膏或多西环素软膏涂敷后解除保定。

术后保持角根处的卫生与干燥，注意局部烧焦组织的脱落和新生肉芽组织的生长情况，经15天左右缺损的局部皮肤愈合，如果烫角的深度过深或烫角后发生局部感染，炎症波及额窦可引起额窦炎或脑炎，波及面神经可引起面神经麻痹。为此，应严格掌握烫角的深度，术后加强护理，定期检查与消毒，防止发生感染。

② 除角膏涂抹法　一般在出生后 2 天进行。先用手触摸两角根的隆起处，用 5％碘酊消毒两角根处的皮肤。剪去被毛，用记号笔标记位置，去角膏涂敷的范围相当于一个五分硬币大小。

(6) 去副乳头操作　有些新生犊牛刚出生时就有副乳头，工作人员要详细记录，烫角同时检查有无副乳头并记录。在犊牛出生 1 周内剪去副乳头：侧卧保定，将两后肢用绳合拢捆绑，局部用 5％碘酊消毒后，左手向外轻轻牵引副乳头，右手持消毒的手术剪在距副乳头基部 1 厘米处剪去副乳头，用 5％碘酊消毒后解除保定，如果创面有出血，可用止血钳夹止血。做去除副乳头的记录。

(7) 疫苗注射消毒　疫苗注射消毒坚持一牛一针，注射器及注射用针头一律经过高温灭菌处理。接种疫苗时，接种部位用酒精棉球消毒后，按照疫苗剂量进行接种。疫苗接种后对使用过的针头进行高温煮沸消毒，对用过的疫苗瓶均需做销毁处理。

(8) 犊牛断尾　断尾的部位是对应于阴门下联合的平齐处或稍向下 3～4 厘米处，留下的残端能覆盖阴门，保留下的部分便于畜牧、兽医人员对奶牛尾部的保定。一般小日龄犊牛无需保定，比较暴躁或胆小的犊牛可进行侧卧或俯卧保定。然后将尾巴拉直，测量断尾部位，以断尾的部位为中心，剪去局部被毛后，用 5％碘酊严格消毒。

常用弹力橡胶圈断尾法：采用弹力橡胶圈、开张钳及弹力橡胶圈进行。

① 将橡胶圈套入开张钳的支架上。

② 按压钳柄使橡胶圈开张，然后将橡胶圈从尾端套至预定断尾的部位。

③ 松开弹力橡胶圈开张钳，使橡胶圈紧缩在断尾处的尾巴上。

④ 经 3～4 周，橡皮圈紧缩处尾巴干性坏死并自然脱落。

⑤ 断尾后用碘酊再次消毒断尾处。

⑥ 尾巴干性坏死过程中，可能发生慢性感染、骨髓炎、梭菌性肌炎、破伤风等。应注意及时检查是否发生上述并发症，每隔3～4天碘酊消毒一次弹力橡胶圈紧缩处的皮肤。

⑦ 断尾后脱落的橡胶圈收集消毒。

13. 产后母牛与新生犊牛的保健消毒

奶牛产房的消毒方法参照前面牛舍带畜消毒，但是要增加消毒密度，每天消毒2次。母牛产前8～10天，将牛身刷洗干净后转入消毒过的产房。临产前，用1%高锰酸钾溶液或来苏儿稀释液清洗母牛后躯、乳房、外阴；产犊后用温水洗净血污，并对阴门及乳房进行喷雾消毒。对分娩后的奶牛，每天在外阴部擦抹密斯陀1～2次，坚持使用5天左右，可以预防因为环境因素造成的子宫炎的发生。

犊牛生后立即用5%碘酊浸泡脐带3～5秒，脐带消毒2分钟后再用蒙脱石粉干浴脐带，保持脐带干燥。如脐带自然断裂，用消毒好的手术剪剪断过长的脐带，脐带保留长度为5～7厘米。新生犊牛脐带消毒后，立即用干毛巾擦拭被毛上的羊水和黏液。冬天擦拭后立即用密斯陀涂于犊牛的脐带，每天1次，连续涂抹2～3天，可加快脐带的愈合与脱落。每班次交接时把使用后的毛巾清洗烘干。第一次喂完初乳后再用碘酊消毒脐带，然后用密斯陀再次干浴脐带。母子在出生30分钟后分开，冬天出生后立即将犊牛送至保温室。

14. 兽医室消毒

兽医微生物实验室是各种动物疫病病原体汇集、混杂之处，因此应切实做好消毒、灭菌和防止传染传播。

（1）兽医室环境消毒 兽医室消毒也应遵循机械清扫、用湿的拖把擦地、化学消毒剂消毒、密闭和通风基本操作程序。

① 实验室消毒 可以采用臭氧消毒，每天上午上班后开启臭氧消毒机15分钟，对室内空气及物品表面进行消毒。对空气和操作台表面采用紫外线消毒。培养室的紫外线灯应距地面2.5米，塑料制品可放在无菌间距紫外灯50～80厘米处，使每平方厘米有0.06微瓦能量的照射，容器内侧向上塑料吸管需垂直置于紫外灯

下30厘米，照射30分钟。也可每立方米用浓度为15%过氧乙酸7毫升（1克/米³）消毒，放入瓷或玻璃器皿（可以用于加热的）中，用电炉子或燃气炉加热蒸发，经过2小时即达到完全消毒，消毒后通风15分钟，每周进行2次消毒。此时也可以将室内物品如工具、工作服、器械等摆放或者先挂起来，通过过氧乙酸熏蒸消毒。也可用0.1%新洁尔灭或者0.2%过氧乙酸按照350毫升/米²喷雾消毒。

② 解剖室消毒　解剖完病死牛以后，尸体应按照常规方法采取焚烧或者掩埋方法处理，解剖室地面和空气应进行彻底消毒，地面先用2%火碱冲洗，待晾干后再用2%来苏儿连同空气一起消毒，60分钟以后用清水将地面冲洗干净即可。解剖器械用超声波清洗净后用消毒液浸泡消毒，冲洗干净后高压灭菌或者干热灭菌后备用。

③ 手术室消毒　常用的空间消毒法有紫外线照射和化学气体熏蒸。手术前后以0.1%有效氯消毒液或0.5%过氧乙酸擦拭手术床、桌、台、凳、用具、门窗等，并用消毒液拖擦地面，室内经常保持医疗器械、物品清洁整齐，每周大搞一次卫生。用过的手术器械、手套置于超声波清洗机清洗。洗后器械置于500毫克/升含氯消毒液中浸泡30分钟，冲洗后经高压蒸汽灭菌。

（2）实验室器具的消毒

① 器皿的洗涤　新购置的玻璃器皿和胶塞塑料器皿使用前应先用自来水简单刷洗，然后玻璃器皿用5%稀盐酸溶液浸泡12小时以上，浸泡后用毛刷沾洗涤剂洗刷或用超声波洗涤器洗涤20～30分钟；胶塞用2%火碱浸泡煮沸10～20分钟；然后用自来水和蒸馏水各清洗2～3次，晾干备用。集卵杯、冲卵管等塑料制品若可重复使用用后应立即浸入水中，并用流水冲洗干净晾干。

② 器皿和器械消毒

A. 干热消毒灭菌　耐高温的玻璃及金属器具，包好后放入烘干消毒箱内160℃处理2小时。

B. 高压温热消毒灭菌　适用于玻璃器具、金属制品、耐压耐热的塑料制品以及可用高压灭菌的无机盐溶液、液体石蜡等。上述物品经包装后放入高压灭菌器内，在121℃（0.105兆帕）高压灭菌 20～30 分钟。

C. 用浓度为 0.1％～0.4％过氧乙酸浸泡消毒，如工作服、毛巾、餐具、体温计、玻璃器皿、陶瓷制品、橡胶制品等，但浸泡时间不能过长，一般 5～10 分钟。将需要消毒的器械包括注射器针头，用水冲洗干净后放入 2％碱性戊二醛溶液中浸泡 30 分钟，或者可用 0.1％苯扎氯铵溶液煮沸 15 分钟，再浸泡 30 分钟，从容器中取出器械后用无菌水冲洗干净后才能应用。各种玻璃器皿消毒用 2％～3％聚维酮碘浸泡 1～2 小时，由于具有洗涤作用，利于清洗。

（3）医疗废弃物的无害化处理　牛场的医疗废弃物主要包括药瓶、疫苗瓶、纱布、棉球、手套、毛巾、擦布、一次性注射器、点滴管、废弃的手术刀、破碎的温度计等。这些废弃物存在一定的传染性、生物毒性、腐蚀性和危险性，因此必须妥善处理这些医疗废弃物。在这些医疗废弃物中，产生量最大的是空药物容器。在处理前，空的药物容器和其他医疗设备应存放在安全的地方。目前，医疗固体废物的处理方法有高温蒸汽灭菌法、化学消毒法和卫生填埋法。

① 高温蒸汽灭菌法是指将医疗垃圾在 103 千帕、121℃条件下维持 20 分钟。此法能杀灭一切微生物，是一种简便、可靠和经济快速的灭菌方法。

② 化学消毒法适用于那些可以重复使用但不宜用高温消毒法处理的器械、物品，比如医用液体玻璃容器。最好用过氧乙酸来浸泡消毒，过氧乙酸使用方便，效果可靠，无有害物质残留，消毒后的玻璃容器可用于制造玻璃微珠等实现二次利用。

③ 卫生填埋法是医疗废物的最终处置方法，经过前两种医疗废物处理法处理后的医疗废物送到卫生填埋场进行最终处置。牛场应保留有医疗废弃物回收处理的相关记录。

（三）消毒效果影响因素

消毒因子、环境及微生物等多种因素可以影响消毒灭菌的效果，所以了解和掌握这些因素，对保证消毒灭菌质量，有效防控动物疫病具有重要的理论指导和实践意义。

1. 消毒因子的性质和种类

不同消毒因子的杀菌效力和作用范围有差异，在消毒实践中必须予以考虑，并结合消毒对象的特点，选择合适的消毒剂和消毒方法，这是取得理想消毒效果的关键。例如，季铵盐类消毒剂对革兰氏阳性菌的杀灭效果好；但季铵盐类消毒剂对口蹄疫病毒无杀灭作用，也不能杀灭分枝杆菌或细菌芽孢，所以针对这些微生物应该选择环氧乙烷、过氧乙酸等灭菌剂，或选择热力、辐射等物理方法。

2. 消毒因子的剂量

消毒因子的剂量包含作用强度和作用时间两方面因素。作用强度指热力消毒中的温度、电磁辐射中的照射强度和化学消毒剂中的浓度。作用强度与作用时间的乘积即为剂量。在一定范围内，作用时间与强度之间通过互相增减达到互补。一般来说，随着消毒剂浓度的增加，作用需要时间减少，消毒效力增强，但是如果照射强度或浓度过低，即使增加作用时间，也不会取得良好的消毒效果。

3. 消毒因子的组合和溶剂

（1）为了提高消毒杀菌效果，消毒时常根据消毒剂的性质或不同消毒方法的特点，将两种消毒剂按照一定比例进行组合或配伍，或者将不同消毒方法组合，以提高消毒灭菌效果。反之，如果消毒剂的组合或配伍不正确，则结果相反。

（2）不同溶剂也会影响消毒剂的效力，比如，氯己定和季铵盐类消毒剂用70％乙醇配制比用水配制的穿透力强，杀菌效果增强；5％和10％的甲醛水溶液比4.6％和7.5％的甲醛-甲醇溶液的杀灭芽孢作用强。

4. 消毒液的存放时间

消毒剂配制成使用液后，一般会随着存放时间的延长，由于挥发、分解、聚合等的影响，致使消毒灭菌效力减弱甚至消失，所以消毒剂最好现配现用。但是不同种类的消毒剂配好后受存放时间的影响程度不同，需针对各种消毒剂性质而定。

5. 微生物的特征

（1）不同种类的微生物，或者同种微生物的不同株对各种物理和化学消毒剂抵抗力不同。革兰氏阳性菌比革兰氏阴性菌对消毒剂敏感。分支杆菌对消毒剂的抵抗力比其他细菌繁殖体强。芽孢对大多数理化消毒因子具有抵抗力。例如，酚类、季铵盐类、乙醇、双胍类等均不能杀死芽孢，热力杀灭芽孢时需提高温度和延长加热时间。不同病毒对理化因子的抵抗力有差别。比如，囊膜病毒对酚及其衍生物、新洁尔灭或苯扎溴铵和度米芬等具有亲脂特性的消毒剂敏感。无囊膜病毒对亲脂性消毒剂不敏感，其对消毒剂的敏感性介于细菌繁殖体与芽孢之间。朊病毒对理化因子的抵抗力非常强，比芽孢的抵抗力还强。

（2）一般认为成熟、培养天数长的微生物比未成熟、培养天数短的微生物对理化消毒因素的抵抗力强。微生物的菌龄、生长阶段不同对一些理化消毒因素的抵抗力不同。微生物长期接触某种消毒剂后，会对该种消毒剂产生耐药性。一般来说，污染的微生物数量越多，消毒效果越差，因此在消毒前应该对消毒对象上污染的微生物数量有大致的了解，以确定消毒的剂量，通过加大照射剂量、药物浓度，或延长时间来保证消毒效果。

6. 温度及时间

消毒环境的温度会对消毒效果产生显著的影响，温度的变化对不同消毒剂的影响不同。消毒的速度一般随温度的升高而加快，杀菌作用也随之强。比如，20 ℃时 5% 甲醛溶液杀死炭疽杆菌芽孢需要 32 小时，37 ℃时只需要 90 分钟；用甲醛蒸汽消毒时，要求环境温度在 18 ℃以上，最好能够在 50～60 ℃条件下进行。碘伏在 10～30 ℃范围内，杀菌效果无明显变化，但在 30～40 ℃范围内，杀菌作用明显增强。但是消毒环境温度并不是越高越好，应用紫外线辐射消毒时，环境温度达 40 ℃时，紫外光源辐射的杀菌紫外线最强，杀菌效果最好，但如果温度再升高或温度降低，均可使紫外线的输出减少。可见，过高和过低的温度对紫外线消毒均不利。因此，环境温度对消毒效果的影响不可忽视，但其影响程度可因消毒方法、消毒剂性质、使用方法以及微生物种类的不同而异。

7. 湿度

消毒环境的相对湿度对气体消毒剂的消毒灭菌效果有显著影响。如环氧乙烷、甲醛在熏蒸消毒时，均需要合适的相对湿度。此外，紫外线、热力消毒也受相对湿度的影响。紫外线消毒时，要求相对湿度最好在60%以下，如果过高，可以阻挡紫外线，使其杀菌效力降低。而热力消毒时，相对湿度越高，灭菌效果越好。

8. 酸碱度（pH）

pH的改变可以影响消毒剂的溶解度、解离程度和分子结构，进而直接影响到消毒剂的杀菌效果。不同化学消毒剂由于性质差异，对pH的要求不同。酚类消毒剂、含氯消毒剂、碘伏等在酸性条件下杀菌作用加强。而戊二醛和季铵盐类消毒剂在碱性条件下杀菌效果好。此外，pH对热力消毒也有一定影响，比如当pH 6.0时，热对乙酸盐缓冲液中的嗜热脂肪杆菌芽孢的杀灭速度比pH 3.0时的迅速。

9. 金属离子

金属离子的存在对消毒效果有一定影响，可以增加或降低消毒效果。例如，Mg^{2+}、Ca^{2+}能够降低煤酚皂与苯扎溴铵的杀菌力，所以不能用硬水配制煤酚皂和苯扎溴铵消毒液；Mg^{2+}、Ca^{2+}或Ba^{2+}可以明显降低长链脂肪酸的杀菌作用；Mn^{2+}能够增加水杨醛对假单胞菌的杀灭作用。

10. 有机物存在状况

有机物如血清、血液、脓液、痰液、食物残渣、粪便以及培养基等的存在会明显干扰或影响消毒灭菌效果。例如，有机物存在时，含氯消毒剂的杀菌作用显著降低；甲醛、碘伏及季铵盐类、过氧化物类消毒剂的消毒作用也受到明显影响；热力、紫外线、电离辐射等灭菌效力也降低。因此，当有机物覆盖微生物时，需要适当加大消毒处理剂量或延长作用时间。

11. 消毒方式

使用雾化消毒，雾化颗粒越小，覆盖的消毒空间越完全，这样消毒才不会留下死角，研究表明，雾化颗粒在30～80微米为好，而且空气喷雾消毒时喷头倾斜上喷，可以增加雾化颗粒在空气中的悬浮时间，增加消毒剂与病原和灰尘颗粒接触机会。雾化消毒还可以降低消毒环境的微尘，这可以大大降低呼吸道疾病发生的比例。汽油泵火焰消毒时火焰每平方米需要时间为 60～70 秒，可以彻底杀死病原。上述消毒操作方式如果不正确也会影响消毒效果。

（四）奶牛场消毒效果的评估

消毒效果的监测是评价其消毒方法是否合理、消毒效果是否可靠的唯一有效手段，因而在消毒工作中十分重要。奶牛场消毒效果监测的主要对象是紫外线消毒室、挤奶间空气及设备、奶牛乳头、牛舍环境等。主要采用现场生物检测方法及流行病学评价方法。

1. 消毒效果的现场生物学评价方法

（1）空气消毒效果检测

① 检测对象　紫外线消毒间、挤奶间、牛舍等。

② 检测方法　平板沉降法。

③ 监测指标　计数平板上的菌落。

④ 操作步骤　在消毒前后，若室内面积≤30 米^2，于对角线上取 3 点，即中心一点，两端各一点；室内面积＞30 米^2 时，于四角和中央取 5 个点，每点在距墙 1 米处放置一个直径为 9 厘米的普通营养琼脂平板，将平板盖打开倒放在平板旁，暴露 15 分钟后盖上盖，立即置于 37 ℃恒温培养箱培养 24 小时，计算平板上菌落数，并按下式计算空气中的菌落数：

5 000 N 空气中的菌落总数（CFU/米^3）＝AT。A 为平板面积（厘米^2）；T 为平板暴露的时间（分钟）；N 为片板上平均菌落数（CFU）根据消毒前后被测房间空气中的细菌总数变化，判断消毒是否有效。

（2）奶牛乳房及乳头消毒效果检测

① 细菌菌落总数检测　按常规方法进行乳房及乳头清洗与消毒，待挤完奶后，用浸有灭菌生理盐水的灭菌棉试子（棉棒）在奶牛乳头及周围 5 厘米×5 厘米处深擦 2 次，剪去操作者手接触的部

分，将棉试子投入装有 5 毫升采样液（灭菌生理盐水）的试管内立即送检。将采样管用力振打 80 次，用无菌吸管吸取 1 毫升待检采样液，加入灭菌的平皿内，加入已灭菌的 45～48 ℃的普通营养琼脂 15 毫升。边倾注边摇匀，待琼脂凝固后置 37 ℃培养箱培养24～48小时，计算菌落总数。

菌落的计算方法：乳房细菌菌落总数（CFU/厘米^2）＝平板上的菌落数×采样液稀释倍数/采样面积（厘米^2）。

② 金黄色葡萄球菌检测　吸取采样液 0.1 毫升，接种于营养肉汤中，于 37 ℃培养 24 小时，再用接种环画线接种于血平板，37 ℃培养 24 小时，观察有无金黄色、圆形凸起、表面光滑、不透明、周围有溶血环的菌落，并对典型菌落作涂片革兰氏染色镜检，如发现革兰氏染色阳性呈葡萄状排列球菌时，可初步判为阳性。

(3) 奶牛乳头药浴液中细菌含量检测　奶牛乳头药浴是挤奶过程中的必须环节，而检测药浴杯中药液的细菌含量，是确定药浴效果的重要指标。

① 采样方法　采取换液前使用中的药溶液 1 毫升，加入 9 毫升含有相应中和剂的普通肉汤于采样管中混匀。其中：含氯、碘消毒液，需在肉汤中加入 0.1%硫代硫酸钠；洗必泰、季胺类消毒液，需在肉汤中加入 3%的吐温-80，用于中和被检样液中的残效作用。

② 检测方法　采用平板涂抹法。用灭菌吸管吸 0.2 毫升药浴液分点滴于 2 个普通琼脂平板上，用灭菌棉试子涂布均匀，一个平板置于 20 ℃培养 7 天，观察有无真菌生长，另一个平板置于 37 ℃培养 72 小时，观察细菌生长情况。必要时可作金黄色葡萄球菌的分离（方法同上）。

(4) 挤奶设备及环境表面消毒效果监测

① 检测对象　挤奶器内鞘，挤奶杯，挤奶用毛巾、工作服、胶靴，挤奶间，牛舍及工作人员进入牛场的消毒走道表面。

② 采样方法　棉试子采样法与奶牛乳房采样方法相同。压印采样法用于消毒毛巾的检测，可用一张直径为 4 厘米浸有无菌生理盐水的滤纸在被采样毛巾或物体表面压贴 10～20 分钟，将贴有样

品的滤纸一面贴于普通营养琼脂平皿表面，停留 5～10 分钟后揭去滤纸，将平板置于 37 ℃培养 24 小时。

③ 检测方法　细菌菌落总数检测方法与奶牛乳房检测方法相同。其采样面积（厘米²）可估测。对于奶牛乳房炎感染率较高的牛场，有必要在检测物体表面细菌总数的同时，进行特殊病原体（以金黄色葡萄球菌为准）的分离。

2. 消毒效果的流行病学评价

一种消毒方法运用于牛场牛群后，其消毒效果的好坏不仅体现在消毒前后环境、牛体、物体表面的微生物含量，更直接的体现在对某种感染性疫病的预防中，即采用消毒措施是否可以使牛群减少感染或少发生疾病，这种减少和对照组（消毒方法更换以前）相比有无显著性差异，进而计算出使用消毒剂后对某种疾病的保护率和效果指数，从而得出该消毒方法或消毒液有无使用价值的结论。

采用何种疾病作为判定指标，应根据消毒对象不同而定。用于挤奶过程中的消毒的评价，以奶牛乳房炎（包括临床型和隐性乳房炎）的感染情况作为判定消毒效果的指标；用于犊牛舍、犊牛奶桶、产房环境消毒时，以犊牛发生下痢、肺炎的发病率为判定消毒效果的指标。评价方法包括通过对实施消毒或改变消毒方法前后某种疾病的现况调查（描述性调查）和实验对照性调查两种常用方法，各牛场可根据本场技术力量、管理水平及各种条件选择不同的评价方法。

（五）奶牛场消毒存在的问题

做好牛场的疫病预防管理，其最重要的环节就是消毒。虽然有的牛场对消毒工作很重视，也在具体工作中花费了很多的人力、财力和物力，但其效果却不太好，没有达到有效的消毒效果。总结牛场的消毒工作存在以下几个主要误区。

1. 消毒制度落实不到位

由于负责人监督力度不够或对职工的宣传、教育、指导不到位，造成不能彻底的贯彻和落实消毒程序和消毒制度，则导致消毒效果大打折扣，给牛场的安全生产埋下隐患。科学有效的消毒工作，应该做到一方面依据牛场自身的实际环境制定合理的消毒方案，另一方面做好充分详细的消毒记录工作，做到有数据可查。这些数据包括：养殖场内所有消毒药剂的品种、浓度、消毒方法、消毒时间、剂量等。没规律、毫无科学操作的消毒工作，很可能造成养殖场内疫情的发生和传播。

2. 消毒工作不够全面

消毒工作要全面，有些牛场只对生产区的牛舍、运动场、饲养工具和周边环境等进行消毒。但牛场人员的生活区域有生活垃圾、杂草丛生，易滋生病原微生物，如果这里不进行消毒，对养殖区的畜禽也会造成传染病的发生和流行，不可消极面对。不仅要对养殖场内进行严格的消毒，还要对过往的人员、车辆、货品的进出等及时消毒，如何对人流、物流、车流进行彻底的消毒是任何养牛场都面对的现实问题，如果这项工作做不到位，将是养牛场最大的安全隐患。

3. 选择的消毒方法不得当

部分牛场消毒方法不当，在预防性消毒、环境消毒、带畜消毒、终末消毒和发生疾病时的消毒，均用喷洒方式消毒，他们觉得这样简单易操作、省事，殊不知这是一个很大的误区。

4. 消毒前不做清洁

奶牛场在消毒前往往忽视对牛舍、运动场内牛粪、饲料残渣、尿、血液、体液等有机物的清除。要充分发挥消毒药物作用，必须使药物与病原微生物直接接触。这些有机物中存有大量细菌，同时，消毒药物与有机物的蛋白质有不同程度的亲和力，可结合成为不溶于水的化合物，消毒药物被大量的有机物所消耗，妨碍药物作用的发挥，大大降低了药物对病原微生物的杀灭作用，需要消耗大剂量的消毒药物。因此，彻底地机械性清除牛场内有机物是高效消毒的前提。

5. 不能正确掌握消毒浓度

由于工作人员责任心不强或其他原因，在对消毒液的配制过程中不采取称量或使用有固定容积的容器，往往凭感觉，这样配制出来的消毒液的浓度不是高就是低，浓度低起不到消毒效果，浓度高不仅造成药物的浪费，增加饲养成本，还很容易导致皮肤、黏膜、呼吸道的损伤，同时也有可能造成人员的伤害。还有一些人误认为消毒药浓度越大越好，随意加大药物浓度。虽然消毒浓度是决定消毒液杀菌（毒）力的首要因素，但并不是唯一因素，也不是浓度越高越好，要根据不同的消毒对象和消毒目的选择不同的消毒剂，并配合使用合适的浓度和消毒方法。任何消毒药浓度的配比，都具有其一定的科学性和合理性，在正常情况下，无论是环境消毒还是带牛消毒，正常的浓度配比就足以杀灭和抑制病原菌的繁殖和传播。

6. 长期使用单一消毒药物

有些养殖场使用的消毒剂种类偏少，长期使用某种消毒产品。每种消毒药物都具有一定的针对性。细菌病毒对长期使用的一种消毒剂会产生耐药性，或对某种病原体消毒作用不理想，进而造成药物残留过多，影响畜产品质量。所以在生产实践中，要注意根据情况不同进行不同品牌消毒药物的轮换使用。因此，最好用几种不同类型的消毒剂交替使用。

7. 对饮水消毒理解错误

饮水消毒就是把饮水中的微生物杀灭。在临床上常用的饮水消毒剂为氯制剂、季铵盐类和碘制剂。在饮水消毒时，如果药物的剂量掌握不好或对饮水量估计不准，可能会使水中的消毒药物浓度加大，若长期饮用，除可能引起急性中毒外，还可能杀灭或抑制奶牛肠道内的正常菌群，使奶牛的正常消化出现紊乱，造成腹泻或继发肠道疾病，对奶牛的健康造成危害。故饮水消毒药物浓度不可过高或消毒时间过长，应使用有标准文号、正规厂家生产的消毒剂，并按照说明书的使用剂量使用。

8. 消毒剂配合不当

有些消毒药混合后易发生化学反应，从而失去原本的消毒能力，所以不能随意将不同种类的消毒剂混合使用。良好的配方还能显著提高消毒的效果。

9. 消毒池利用不充分

任何一个养牛场都设置有车辆消毒池和员工消毒脚池，但是在实际操作过程中往往出现很大的漏洞，如消毒池消毒药的浓度不够、不定期更换消毒液、消毒池消毒液不干净、员工不走消毒池等，这种现象如不加以杜绝，牛场出现疫情的风险将大增。

10. 误认为生石灰能消毒

生石灰是氧化钙，它本身没有消毒作用，而只有加入相当于生石灰重量80％～100％的水生成熟石灰，解离出氢氧根离子后才有杀菌作用。有的牛场在消毒池中放置厚厚的生石灰粉，让人踩车碾，这样起不到消毒作用；有的直接将生石灰粉撒在道路和运动场，致使石灰粉尘飞扬，被奶牛吸入呼吸道，人为地诱发呼吸道炎症；有的用放置时间过久的熟石灰作消毒用，也起不到消毒效果，由于熟石灰已经吸收了空气中的二氧化碳，变成碳酸钙，没有了氢氧根离子，完全丧失了消毒杀菌作用。使用石灰消毒最好的方法是配制成10％～20％的石灰乳，用于涂刷牛舍墙壁，既可灭菌消毒，又可起到美化环境的作用。消毒池内要经常补充水，添加生石灰。

11. 挤奶时不能做到一牛一消毒

规模化奶牛养殖场实行统一挤奶，此时往往会造成奶牛疾病的传播。由于挤奶时间比较紧张，在挤奶过程中，对挤奶器奶杯不能很好地做到一牛一消毒，往往只对奶牛乳房进行简单冲洗。这样就会造成乳房炎等传染病的传播，最好的办法是在奶牛挤奶前进行牛体刷拭、乳房冲洗消毒、乳头药浴；挤奶器奶杯进行一牛一消毒，避免交叉感染。

12. 带牛消毒理解有误

带牛消毒不限于活体牛的体表，应包括整个牛体所在的空间环境。带牛消毒是将喷头高举空中，喷嘴向上喷出雾粒，雾粒可在空中悬浮一段时间后缓缓下降，除与病原体接触外，还可起到除尘、净化、除臭等作用。

13. 过分依赖消毒

消毒是构建有效生物安全的组成部分，但不是全部。生物安全中同等重要的还有许多环节，如病死畜禽的无害化处理，环境控制，污水粪便处理，消灭蚊蝇和鼠等。

三、疫苗使用技术

（一）疫苗的种类

1. 灭活疫苗

选用免疫原性良好的病原微生物（一般是强毒力毒株，有的选用免疫原性好的弱毒力毒株）经人工扩繁、用物理或化学方法灭活后，使病原微生物失去毒力，但仍然保持免疫原性所制成的疫苗，这类疫苗称为灭活疫苗。常用的灭活剂有甲醛、乙酰乙烯亚胺（AEI）、二乙烯亚胺（BEI）和 β-丙酸内酯等。该类疫苗历史较久，制备工艺比较简单。目前，我国已有很多商品化灭活疫苗，如牛多杀性巴氏杆菌病灭活疫苗、牛气肿疽灭活疫苗和牛口蹄疫灭活疫苗等。

其优点为疫苗性质稳定，使用安全，贮藏与运输条件要求不高（2～8 ℃、避光环境），便于制备多价苗或多联苗，受母源抗体干扰小，油乳剂灭活疫苗免疫维持期较长，一般采用肌内注射的方法接种，制苗用菌、毒株易收获等。其缺点为疫苗接种后不能在动物体内繁殖，因此使用时接种剂量较大，接种次数较多，免疫期较短，产生免疫保护力所需时间长（7～14 天），难以产生局部免疫力，紧急预防接种效果不好，并需要加入适当的佐剂以增强免疫效果。

2. 弱毒疫苗

弱毒疫苗是由微生物自然强毒株通过物理（温度、射线等）、化学（醋酸铊、吖啶黄等）或生物（非敏感动物、细胞、鸡胚等）方法处理，并经连续传代和筛选，培养而成的丧失或减弱对原宿主动物致病力，但仍保存良好免疫原性和遗传特性的毒株，或从自然界筛选的具有良好免疫原性的自然弱毒株，经培养增殖后制成的疫苗。目前，市场上大部分活疫苗是弱毒疫苗，如牛肺疫兔化弱毒疫苗、牛布鲁氏菌病疫苗和炭疽疫苗等。

其优点为免疫后能在很短的时间内发生免疫作用。弱毒苗免疫后在3～6天内即可产生抗体，达到中和和杀死病原的作用。在用弱毒苗进行气雾、滴鼻、点眼、饮水免疫时，在不到一天甚至是几个小时内就会产生细胞免疫作用，免疫细胞很快到达呼吸道黏膜或消化道黏膜对病原发生相应作用而起到免疫门户作用，拒绝病原的继续感染和侵害，同时，其免疫调节作用对病原也起到灭杀作用。其缺点为抗体产生的浓度低，在身体内维持的时间短，很快被代谢出去，需要进行多次免疫来弥补这一缺陷，所以引起的抗体空白期较多。

3. 亚单位疫苗

传统亚单位疫苗是指将病原体经物理或化学方法处理，除去其无免疫保护作用的"杂质"，提取其有效抗原部分制成的一类疫苗。通常所说的基因工程亚单位疫苗又称生物合成亚单位疫苗或重组亚单位疫苗，是指它只含有病原体的一种或几种抗原，而不含有病原体的其他遗传信息。原则上讲，用这些疫苗接种动物，都可使之获得抗性而免受病原体的感染。亚单位疫苗不含有感染性组分，因而无须灭活，也无致病性。

4. 活载体疫苗

基因工程重组活载体疫苗是用基因工程技术将病毒或细菌（常为疫苗弱毒株）构建成一个载体（或称外源基因携带者），把外源基因（包括重组多肽、肽链抗原位点等）插入其中使之表达的活疫苗。该类疫苗免疫动物后向宿主免疫系统提交免疫原性蛋白的方式与自然感染时的真实情况很接近，可诱导产生的免疫比较广泛，包括体液免疫和细胞免疫，甚至黏膜免疫，所以可以避免亚单位疫苗的很多缺点。如果载体中同时插入多个外源基因，就可以达到一针防多病的目的。

5. 基因缺失疫苗

基因缺失疫苗是指利用基因工程技术将病毒致病性基因进行缺

失，从而使该病毒的野毒株毒力减弱，不再引起临床疾病，但仍能感染宿主并诱发保护性免疫力。

6. 核酸疫苗

核酸疫苗又名基因疫苗，包括 DNA 疫苗和 RNA 疫苗，由编码能引起保护性免疫反应的病原体抗原的基因片段和载体构建而成。其被导入机体的方式主要是直接肌内注射。DNA 疫苗是一种或多种抗原编码基因克隆到真核表达载体上，将构建的重组质粒直接注入体内而激活机体免疫系统，因此也有人称之为 DNA 免疫。重组 RNA 病毒疫苗与重组 DNA 病毒疫苗相比，尽管以 SFV 和 VSV 为代表的重组 RNA 疫苗的免疫保护效果非常显著，却还停留在动物模型的试验阶段。

7. 合成肽疫苗

合成肽疫苗也称为表位疫苗，是用化学合成法人工合成类似于抗原决定簇的小肽（20～40 个氨基酸）。合成肽疫苗分子是由多个 B 细胞抗原表位和 T 细胞抗原表位共同组成的，大多需与一个载体骨架分子相偶联。合成肽疫苗的研究最早始于口蹄疫病毒（FMDV）合成肽疫苗，主要集中在 FMDV 的单独 B 细胞抗原表位或与 T 细胞抗原表位结合而制备的合成肽疫苗研究。

8. 抗独特型疫苗

抗独特型疫苗是免疫调节网络学说发展到新阶段的产物。抗独特型抗体可以模拟抗原，刺激机体产生与抗原特异性抗体具有同等免疫效应的抗体，由此制成的疫苗称为抗独特型疫苗，又称内影像疫苗。抗独特型疫苗不仅能诱导体液免疫应答，也能诱导细胞免疫应答。抗独特型疫苗可分为：细菌类抗独特型疫苗、病毒类抗独特型疫苗、寄生虫类抗独特型疫苗和肿瘤抗独特型疫苗等。

9. 转基因植物疫苗

转基因植物疫苗是把植物基因工程技术与机体免疫机理相结合，生产出能使机体获得特异抗病能力的疫苗。动物试验已证实，转基因植物表达的抗原蛋白经纯化后仍保留了免疫学活性，注入动物体内能产生特异性抗体；用转基因植物组织饲喂动物，转基因植物表达的抗原递呈到动物的肠道相关淋巴组织，被其表面特异受体特别是 M 细胞所识别，产生黏膜和体液免疫应答。

（二）奶牛场疫苗选择的原则

1. 选择正规厂家生产的疫苗

疫苗的生产、保存、运输都有严格的要求，中间任何一个环节出错都有可能导致疫苗失效而影响免疫效果。应选择正规企业或科研单位生产的疫苗，且疫苗标签、生产厂家、生产批号、使用方法、有效期和联系方式等相关信息应齐全。

2. 选择质量好的疫苗

疫苗是用于动物疫病预防的生物制品，其质量具有自身的特殊性和重要性，必须更加强调质量第一的原则。疫苗质量是其安全性、有效性和可接受性的直接或间接的综合反映。选择疫苗前应仔细检查外观、瓶签和使用说明书，辨别疫苗真伪，了解疫苗种类、抗原含量、免疫保护期、免疫方法、安全性等信息。在使用疫苗前应仔细检查疫苗瓶口和胶盖是否封闭完好、疫苗是否过期，从而选择质量好的疫苗。一旦发现疫苗瓶破损、瓶盖或瓶塞密封不严或松动、无标签或标签不完整、超过有效期、色泽改变、发生沉淀、破乳或超过规定量的分层、有异物、有霉变、有摇不散凝块、有异味、无真空等不得使用。

3. 针对本场实际情况选择合适的疫苗

根据本场的疾病流行情况及其规律，养殖季节，牛只的种类（奶牛或肉牛）、日龄、母源抗体水平和饲养条件，选择适合本场情况的疫苗。本场从未发生过的疾病疫苗，可不做选择。此外，任何免疫程序都只能作为参考，应根据实际防疫效果适当修正，从而有效预防疾病发生。

（三）疫苗使用及注意事项

1. 运输与保藏

（1）疫苗运输　疫苗应在有冷藏设备的条件下进行运输。不论使用何种运输工具运输疫苗都应该注意防止高温、暴晒，如果是灭活苗还要防止冻结，活疫苗应低温冷藏运输。运输数量较少的疫苗时，应装入盛有冰袋的疫苗箱内运送，运送时应坚持"苗随冰行，苗完冰未化"的原则。严禁反复冻融，尤其是湿苗。经检测，湿苗每冻融一次效价损失约 50%，冻干苗在 27 ℃ 条件下保存 1 周后有 20% 不合格，保存 2 周后有 60% 不合格。同时要以最快的速度运输疫苗，以保证疫苗质量。

（2）**疫苗保藏** 疫苗应保藏在冷库、冰柜或冰箱中，冷库温度保持在 2～8 ℃，冰柜或冰箱温度在 -15 ℃ 以下。其中，冷冻真空干燥疫苗，多数要求在 -15 ℃ 下保存，温度越低保存时间越长。非经冻干的湿苗须保存于 2～8 ℃ 的冷藏环境中，严防冻结，尤其是加有氢氧化铝胶的液体疫苗和油乳剂疫苗，如口蹄疫疫苗等，2～8 ℃ 避光保存，不可冻结，否则将降低或失去效力。要特别注意在不同条件下的保存期限，不得超过该药品所规定的在该环境条件下的有效期限。

2. 稀释方法、注射剂量、免疫方法

（1）**稀释方法** 需要稀释后使用的疫苗应根据说明书注明的免疫头份和计量，用规定的稀释液按量稀释。除了用生产厂家专门配备的稀释液外，无论是生理盐水、缓冲盐水、铝胶盐水、灭菌蒸馏水或冷开水等都应与疫苗一样，瓶内无异物杂质，并在冷暗处存放。已经打开瓶塞的疫苗或稀释液最好放在加有冰块的容器内，应在 4 小时内用完。氢氧化铝胶及油乳剂苗不能冻结，否则将降低效价或失效。对较大的动物群接种，疫苗稀释应采取随用随溶解的方法，以免稀释后的疫苗存放时间过长影响效力；切忌用热稀释液稀释疫苗。不论是弱毒苗或灭活苗均不要随便混合使用，以免混合后产生不良反应。液体疫苗（冻干疫苗加稀释液后）使用前应充分摇匀，以免影响效力或发生不安全事故。

（2）**注射剂量** 免疫注射剂量在很大程度上影响免疫效果。在免疫注射过程中，不可随意改变注射剂量、免疫次数、间隔时间，否则易造成免疫耐受或免疫麻痹，导致达不到理想的免疫效果。

(3) 免疫方法 免疫接种方法主要包括皮下接种、肌内注射接种、皮内接种、刺种、点眼、滴鼻、饮水、气雾等方法。奶牛常用肌内注射接种和皮内接种。疫苗接种方法正确与否，直接关系免疫效果。

① 肌内注射接种 应选择肌肉丰满、血管少、远离神经干的部位，如臀部或颈部。保定好牛只后进行注射部位消毒，针头垂直刺入肌肉，回抽针管，如无回血可慢慢注入疫苗，注射完毕后涂以5％碘酊消毒。此外，用连续注射器接种疫苗，注射剂量要反复校正，使误差小于0.01毫升，针头不能太粗，以免拔针后疫苗流出。该法优点为疫苗吸收快，操作简便；缺点为有些疫苗会损伤肌肉组织，如果注射部位不当，可能引起跛行。

② 皮下接种 多用于引起全身性广泛损害的疾病的免疫，操作时针头应向下与皮肤呈45°角，从前向后刺入皮下0.5～1厘米，缓缓注入疫苗，注射完毕后快速拔出针头。优点为免疫确实，效果佳，吸收较皮内接种法快；缺点是用药量较大，副作用也较皮内接种法大。

③ 皮内接种 应选择皮肤致密、被毛少的部位，牛只适宜在颈侧、尾根、肩胛中央等部位。注射时先将皮肤捏起一皱褶或紧绷固定皮肤，将针头平行刺入皮内约0.5厘米处，缓缓注入疫苗，注射完毕后拔出针头，涂以5％碘酊消毒。优点为注射剂量小，局部副作用小；缺点为操作需要一定的技术与经验。刺种免疫接种时疫苗应每刺一下就浸一下刺种针，保证刺种针每次浸入疫苗溶液中。

④ 饮水免疫接种 用蒸馏水或冷开水，所用的水不得含有消毒剂、重金属离子，不得使用金属容器。在饮水免疫前可适当限水以保证疫苗在1小时内饮完，并设置足够的饮水器以保证每只动物都能同时饮到疫苗水。配疫苗的饮用水中可加入0.3％的脱脂奶粉作保护剂。

应严格按照疫苗种类规定，选择适合的免疫接种方法，禁止打飞针和不按规定的部位、深度注射，避免错位注射或剂量不够。接种过程中要注意针头的消毒与更换。

3. 免疫前的准备

（1）奶牛群的状态观察　免疫前应详细检查牛群健康状态，如牛群的精神、食欲、体温、是否发病、是否瘦弱等，健康状态不良的牛只不接种或暂缓接种。检查牛群日龄，是否存在犊牛，是否处在妊娠或泌乳阶段，如存在上述牛只，不接种或暂缓接种。此外，还应观察牛群饲养条件的好坏，及时加强饲养管理、卫生保健管理，改善牛群饲养环境，从而减少应激因素，改善牛群健康状态。

（2）注射器械的准备　注射器械等应在免疫注射前准备完毕，如注射器、针头、镊子、刺种针、点眼（滴鼻）滴管、饮水器、玻璃棒、量筒、容量瓶、喷雾器等。重点做好冲洗、消毒、灭菌等前期工作。将注射器等接种用具先用清水冲洗干净，用纱布包好后置于高压灭菌器中灭菌 15 分钟，或置于灭菌锅中煮沸消毒 30 分钟，待冷却后放入灭菌器皿中备用。此外，器械清洗过程中要保证清洗的洁净度，灭菌后的器械 1 周内不用，下次使用前应重新消毒灭菌，禁止使用化学药品消毒。使用一次性无菌塑料注射器时，要检查包装是否完好和是否在有效期内。

4. 疫苗注射过程中的要点

（1）大量使用疫苗前，应先小试，在确认安全后，再逐渐扩大使用范围。

（2）注射接种时，注射部位先用碘酊消毒，后用酒精棉球擦干再注入，防止通过注射而发生交叉感染。要做到一头牛一个针头。入针深度适中，确实注入肌肉内。剂量大时应考虑肌肉内多点注射。

（3）接种时，应严格遵守操作规程，接种人员在更换衣服、鞋、帽和进行必要的消毒之后，方可进行疫苗的接种。防止打飞针。

（4）注射完后，一切用具都要严格消毒，疫苗瓶集中消毒废弃，以免散毒污染牛场与环境，造成隐患。

5. 免疫后的观察

（1）不良反应的紧急处理　免疫接种后，在免疫反应时间内要观察免疫动物的食欲、精神状态等，并抽查检测体温，记录有不良反应的动物编号，严重时及时救治。

① 免疫后正常反应　指注射疫苗后出现短时间的体温升高、精神沉郁、食欲减退和嗜睡等症状，此类反应一般可不做任何处理，会自行消退。

② 免疫后严重反应　主要表现为呼吸急促，眼结膜潮红，震颤，流涎、口吐白沫，后肢无力、倒地抽搐，流产，瘙痒，皮肤发紫、苍白、丘疹，注射部位肿块、糜烂等，最为严重的可引起被免疫动物的急性死亡。

③ 合并症　指个别动物发生的综合症状，反应一般比较严重，需要及时救治，如全身感染、变态反应等。

④ 不良反应的处理。免疫接种后如产生严重不良反应，应采用抗休克、抗过敏、抗炎症、抗感染、强心补液、镇静解痉等急救措施。对局部出现炎症的，应采用消炎、消肿、止痒等处理措施；对神经、肌肉、血管遭受损伤的，应采用理疗、药疗和手术等处理方法；对合并感染的可用抗生素治疗。

⑤ 不良反应的预防。为避免和减少免疫接种后出现的不良反应，应保持牛舍温度、湿度、光照和通风等良好，并做好日常消毒工作。制定科学的免疫程序，选用适宜毒力和毒株的疫苗进行免疫。严格按照疫苗的使用说明书进行免疫接种，注射部位和注射剂量要准确，接种方法要规范。

（2）免疫带毒牛的处理　免疫带毒是指疫苗免疫后，由于免疫效果不确实，虽然起到一定的临床保护作用，但未能抵御感染，或由于病毒本身的生物学特性形成感染但不发病。反刍动物在康复后或免疫后感染，容易形成持续感染现象，世界动物卫生组织（OIE）把带毒超过 28 天的动物称为持续感染带毒者。反刍动物带毒往往从几个月到几年，持续感染的反刍动物带毒时间长并且具有感染性。

免疫带毒牛应贯彻就地处理的原则，带毒牛只不能运出产地，就近进行无害化处理。无害化处理是指用化学、物理及其他方法消除染疫动物、动物产品病害因子的强制措施。在具体处理中，应根据疫病的不同种类和具体条件，采取相应的无害化处理措施。如深埋处理、焚烧处理和自然分解处理等。

6. 免疫记录

免疫记录是规模化牛场疫病预防中极为重要的工作环节之一。通过及时、准确地做好免疫记录，获取免疫相关信息，如免疫日期，疫苗名称，疫苗来源、生产日期、批号、规格，免疫方法，免疫剂量，牛只编号、日龄、头数，免疫人员等，并建立资料档案。从而为评估规模化牛场免疫效果提供基础数据。有利于实时、动态掌握疫苗免疫效果和疫病防疫情况，最终达到预防与控制牛场疫病的目的。规模化牛场参考免疫记录（表1）。

表1　规模化牛场参考免疫记录

编号	免疫日期	疫苗名称	疫苗来源	生产日期	批号	规格	免疫方法	免疫剂量	免疫日龄	免疫人员

（四）奶牛场常见疫病的防疫

1. 病毒性疫病

（1）口蹄疫　口蹄疫是由口蹄疫病毒引起的急性高度接触性传染病，可感染猪、牛、羊等偶蹄家畜，也可感染野牛、鹿、羚羊、骆驼等野生动物，同时可传染人。虽然该病死亡率不高（成年偶蹄类低于5%），但其传染性很高，传播迅速，感染牛、猪、羊后使其生产能力下降，严重危害畜牧业的发展和肉类产品的生产和供应。目前，该病尚无有效的治疗方法，主要使用口蹄疫疫苗预防接种。

口蹄疫疫苗主要分为弱毒疫苗和灭活疫苗两种。其中，弱毒疫苗免疫效果好，免疫期长，主要用于牛、羊，但存在毒力返强的危险，世界各国已基本不用。灭活疫苗安全性高，但免疫效果不如前者，免疫期短，并有一定的副作用，如免疫动物食欲下降、精神沉郁、局部肿胀及奶牛产奶量下降等。

目前，我国主要使用油佐剂灭活疫苗预防口蹄疫，包括口蹄疫O型灭活疫苗、口蹄疫A型灭活疫苗，口蹄疫O型-亚洲1型二价灭活疫苗，口蹄疫O型-A型二价灭活疫苗和口蹄疫O型-亚洲1型-A型三价灭活疫苗等。

① 口蹄疫疫苗使用技术

A. 口蹄疫O型灭活疫苗

a. 疫苗特征　含灭活的牛口蹄疫O型病毒OA/58毒株，用于预防牛O型口蹄疫。乳白色或淡粉红色乳剂。2～8℃保存，有效期为12个月。

b. 使用方法　疫苗摇匀后牛颈部或臀部肌内注射。1周龄以上牛只免疫剂量为2毫升。对于初次免疫的犊牛，首免时间应视母源抗体水平高低而定，但不宜超过4月龄。建议有条件的用户或地区，在首免21～28天后，按原剂量追加免疫一次，效果更佳。

B. 口蹄疫A型灭活疫苗

a. 疫苗特征　含灭活的牛口蹄疫A型病毒毒株，用于预防牛A型口蹄疫。淡粉白色略带黏滞性的均匀乳状液。久置后，瓶内上部允许有少量油析出，底部允许有少量抗原液浸出，用前摇匀，效力不减。

b. 使用方法　疫苗摇匀后牛颈部或臀部肌内注射。1周龄以上牛只免疫剂量为2毫升。对于初次免疫的犊牛，首免时间应视母源抗体水平高低而定，但不宜超过4月龄，注苗2～3周后产生免疫力，免疫期为6个月。

C. 口蹄疫O型-亚洲1型二价灭活疫苗

a. 疫苗特征　含有灭活的口蹄疫O型JMS株和亚洲1型JSL株病毒，用于预防牛、羊O型、亚洲1型口蹄疫。淡粉红色或乳白色略带黏滞性乳状液，灭活前每0.1毫升病毒液中病毒含量均至少为$10^7 TCID_{50}$或$10^7 LD_{50}$。2～8℃保存，有效期为12个月。

b. 使用方法　疫苗摇匀后颈部或臀部肌内注射，免疫剂量为2毫升，免疫期为4～6个月。

D. 口蹄疫 O 型-A 型二价灭活疫苗

a. 疫苗特征　含灭活的牛口蹄疫 O 型、A 型病毒，用于预防牛、羊 O 型、亚洲 A 型口蹄疫。乳白色或淡红色黏滞性均匀乳状液，灭活前每 0.1 毫升病毒液中病毒含量均至少为 $10^7 TCID_{50}$。2～8 ℃保存，有效期为 12 个月。

b. 使用方法　疫苗摇匀后颈部或臀部肌内注射。6 月龄以上牛只免疫剂量为 4 毫升。6 月龄以下牛只免疫剂量为 2 毫升。

E. 口蹄疫 O 型-亚洲 1 型-A 型三价灭活疫苗

a. 疫苗特征　含有灭活的口蹄疫 O 型 O/MYA98/BY/2010 株、亚洲 1 型 Asia1/JSL/ZK/06 和 A 型 Re-A/WH/09 株病毒。用于预防牛、羊 O 型、亚洲 1 型、A 型口蹄疫。乳白色略带黏滞性乳状液，每 1 毫升疫苗中 O 型、亚洲 1 型和 A 型总 146S 含量应不低于 1.0 微克。2～8 ℃保存，有效期为 12 个月。

b. 使用方法　疫苗摇匀后牛颈部或臀部肌内注射，牛只免疫剂量为 1 毫升，免疫期为 6 个月。

② 口蹄疫疫苗使用注意事项

A. 大量使用前，应先小试，在确认安全后，再逐渐扩大使用范围。

B. 疫苗应在 2～8 ℃下冷藏运输，不得冻结；运输和使用过程中，应避免日光直接照射；疫苗在使用前应将疫苗恢复至室温并充分摇匀。

C. 注射前检查疫苗性状是否正常，若出现色泽变白或变黄应停止使用，与厂家联系更换。疫苗瓶开启后限当日用完。

D. 本疫苗仅接种健康牛、羊。病畜、瘦弱、妊娠后期母畜及断奶前幼畜慎用。并对牛、羊严格进行体况检查，对患病、瘦弱、临产前 2 个月及长途运输后的牛、羊暂不注射，待其正常后方可注射。

E. 注射器械及注射部位均应严格消毒，尽量保证一畜一针头；入针深度适中，确实注入肌肉内。剂量大时应考虑肌肉内多点注射。

F. 接种时，应严格遵守操作规程，接种人员在更换衣服、鞋、帽和进行必要的消毒之后，方可进行疫苗的接种，防止打飞针。

G. 注射后免疫人员应观察牛的体况，仔细观察牛群是否出现不良反应。在安全区接种后，观察 7～10 天，并详细记载有关情况。其中，一般反应：注射局部出现肿块，呼吸加快，体温升高，精神沉郁，反刍停止等，一般在注射 3 天后即可恢复。严重反应：个别牛只因品种、个体差异等可能会出现过敏反应，如呼吸急促、焦躁不安、肌肉震颤等；甚至因抢救不及时而死亡。怀孕牲畜可能导致流产。重者可用肾上腺素或地塞米松脱敏抢救。要有专人做好免疫记录。

H. 疫苗在疫区使用时，必须遵守先注安全区（群），然后受威胁区（群），最后疫区（群）的原则；并在注射过程中做好环境卫生消毒工作，注射 15～21 天后方可进行调运。

I. 用过的疫苗瓶、剩余疫苗、器具等污染物必须消毒处理或深埋。

J. 预防接种只是消灭口蹄疫的重要措施之一，注射疫苗的同时还应加强消毒、隔离、封锁等其他综合防制措施。在紧急防疫中，除用疫苗紧急接种外，还应同时采用其他综合防制措施。

（2）牛病毒性腹泻/黏膜病　牛病毒性腹泻/黏膜病简称牛病毒性腹泻或牛黏膜病，是由牛病毒性腹泻病毒引起的一种极为复杂、呈多种临床表现的疾病。其特征为黏膜发炎、糜烂、坏死，以及腹泻、咳嗽、怀孕母牛流产或产出畸形胎儿。该病是造成全球乳牛业、肉牛业经济损失的主要疾病。农业部将牛病毒性腹泻定为三类疫病。

目前，国内没有商品化疫苗，犊牛通过吸吮初乳得到母源抗体，可维持保护 3～5 个月，产生的被动免疫可抵抗野毒感染。国外预防牛病毒性腹泻商品化疫苗较多。其中，瑞士诺华动物保健公司生产了牛病毒性腹泻灭活疫苗（Bovidec）和牛病毒性腹泻、牛呼吸道合胞体病、牛副流感 3 型和牛传染性鼻气管炎四联疫苗。

牛病毒性腹泻疫苗使用技术如下：

A. 牛病毒性腹泻灭活疫苗（Bovidec）

a. 疫苗特征 含有灭活的非致细胞病变型牛病毒性腹泻病毒株，用于预防牛病毒性腹泻。淡粉色液态疫苗，2～8 ℃避光保存和运输。

b. 使用方法 疫苗摇匀后皮下注射，免疫剂量为 4 毫升，间隔 3 周后相同剂量复免疫一次。免疫期为 12 个月。

c. 注意事项 健康牛只可获得良好的免疫效果。由于免疫效果受母源抗体影响，犊牛初免日期应尽量在 5 月龄以后。免疫后个别牛出现严重过敏反应时，应及时使用肾上腺素等药物进行抢救，同时采用适当的辅助治疗措施。用过的疫苗瓶、器具和未用完的疫苗进行消毒处理。

B. 牛病毒性腹泻、牛呼吸道合胞体病、牛副流感 3 型和牛传染性鼻气管炎四联疫苗（Rispoval 4）

a. 疫苗特征 含有牛病毒性腹泻致细胞病变型毒株、非致细胞病变型毒株、牛呼吸道合胞体减毒株、牛副流感 3 型毒株和牛传染性鼻气管炎毒株（Ⅰ型牛疱疹病毒），用于预防上述四种疾病。灰白色冻干苗，2～8 ℃避光保存和运输。

b. 使用方法 疫苗稀释、摇匀后肌内注射。3 月龄以上牛只，免疫剂量为每头牛 5 毫升，间隔 3～4 周后相同剂量再免疫一次。保护期 6 个月。

c. 注意事项 该疫苗应置于远离儿童的地方，妊娠牛只禁止免疫接种。个别牛只免疫后注射部位可能会暂时出轻微不良反应，15 天后可自行恢复。疫苗瓶打开后，应在 2 小时内用完疫苗。用过的疫苗瓶、器具和未用完的疫苗进行消毒处理。

（3）牛传染性鼻气管炎 牛传染性鼻气管炎，又称坏死性鼻炎或红鼻病，是由牛传染性鼻气管炎病毒引起牛的一种接触性传染病，表现为上呼吸道及气管黏膜发炎、呼吸困难、流鼻汁等，在临床上表现多种病型，如呼吸道黏膜炎症、脓疱性外阴道炎、龟头炎、结膜炎、犊牛脑膜炎、乳房炎、流产等。我国于 1980 年从国外进口牛中发现本病，30个省（直辖市）牛群中存在抗体，其中进口牛群普遍存在，平均阳性率高达33％。

目前，本病商品化疫苗主要包括：灭活疫苗、弱毒疫苗和基因工程疫苗。其中，美国最早使用的弱毒疫苗多是将病毒连续通过牛肾或猪肾细胞传代获得。

牛传染性鼻气管炎致弱活毒疫苗使用技术如下：

① 疫苗特征　含有牛传染性鼻气管炎弱毒株，用于预防牛传染性鼻气管炎。2～8℃避光保存和运输。

② 使用方法　鼻内用牛传染性鼻气管炎致弱活毒疫苗，应按剂量将疫苗喷雾于牛鼻腔内。6月龄以前接种免疫的犊牛，在6月龄或断奶时仍需增强免疫一次。免疫期为1年。

③ 注意事项　鼻内用牛传染性鼻气管炎致弱活毒疫苗，新生犊牛和怀孕母牛都可以使用，每年重复接种一次。接种灭活疫苗时需进行两次注射，以后每年重复接种一次。

(4) 牛流行热　牛流行热又称三日热或暂时热，是由牛流行热病毒引起牛的一种急性热性传染病，主要由节肢动物传播，其临床特征为体温突然升高到40℃以上、流泪、有泡沫样流涎、鼻漏、呼吸促迫、后躯僵硬、跛行，一般为良性经过，发病率高，病死率低。

在国外，牛流行热灭活疫苗和活疫苗都有报道，它们存在不同程度的接种反应较重的现象。以纯化的病毒G、N蛋白为免疫原的试验结果表明，牛流行热G蛋白疫苗的研究具有良好的前景。我国在20世纪80年代中期前，牛流行热活疫苗、结晶紫灭活疫苗、AEI灭活疫苗、β丙内酯灭活疫苗及甲醛溶液灭活疫苗都有研究，但效果都不理想。后来，采用非离子型去污剂Tritonx-100裂解牛流行热病毒制备的亚单位疫苗和灭活疫苗试验证明，这两种疫苗安全有效，在生产实际中防治效果显著。

牛流行热灭活疫苗使用技术如下：

① 疫苗特征　含牛流行热灭活病毒株，用于预防牛流行热。贮存温度为2～8℃，避光贮存，有效期4个月。疫苗存放于冷藏

设备后应设专人负责保管，疫苗应在有效期内使用。

② 使用方法　摇匀后牛颈部皮下注射 2 次，每次 4 毫升，间隔 21 天；6 月龄以下的犊牛，免疫剂量减半。

③ 注意事项

A. 既可用于定期免疫预防接种，又可用于紧急接种。不同年龄的母牛接种两种疫苗，均有部分牛出现局部接种反应和少数牛有一过性热反应，奶牛于注射后 3～5 天，日产奶量均减少 0.8 千克左右，其他均无异常。

B. 牛流行热一般在天气炎热、蚊蝇滋生的夏季暴发，疫苗注射以 4～5 月为宜。定期喷洒驱灭蚊蝇、尤其是对吸血昆虫高效的无毒杀虫剂、避虫剂等，以切断传播途径。

C. 从冰箱冷藏室取出疫苗后不要立即注射，等温度上升到室温，摇匀后注射。

D. 疫苗使用后出现注射部位肿胀属于正常现象，半个月内自行消除。如果注射 4～5 天后出现肿胀、破溃、出血可进行外科处理。如果肿胀、破溃、化脓造成细菌感染，应结合外科处理和消炎、注射抗生素治疗。

(5) 狂犬病　狂犬病又称恐水病，是由狂犬病病毒引起的一种人兽共患传染病。在大多数发展中国家，本病仍比较严重。近年来，我国狂犬病病例逐年增多，流行范围也在扩大，其危害性有日益严重的趋势。

目前，我国使用的狂犬病疫苗有灭活苗和弱毒苗。我国生产狂犬病灭活疫苗已有多年历史，属于一种改良型的 Semple 疫苗。弱毒苗于 1979 年从国外引进，是适应在 BHK21 细胞系生长的 Flury 株狂犬病鸡胚低代毒（LEP），用于制备犬用狂犬病弱毒冻干疫苗。

狂犬病 Semple 疫苗使用技术如下：

① 疫苗特征　内含 5％羊脑组织和灭活病毒株，用于预防狂犬病。贮存温度为 2～8 ℃，避光贮存。疫苗存放于冷藏设备后应设专人负责保管，疫苗应在有效期内使用。

② 使用方法　用生理盐水稀释并摇匀后，牛后腿或臀部肌内

注射 25～50 毫升。

③ 注意事项　若发现疫苗有摇不散的凝块或变色，或疫苗瓶有裂纹，液体疫苗曾经冻结等情况，均不得使用。免疫后应避免剧烈活动，以免引起不良反应；免疫后局部可出现轻微反应，如发红或轻度硬结，极少见发热反应。不良反应严重的牛只可进行相应的抗过敏治疗和抗炎治疗。

（6）牛副流行性感冒　又称副流感或运输热，是由副流感 3 型病毒引起的一种急性接触性呼吸道传染病，以纤维蛋白性肺炎、咳嗽、呼吸困难和体温升高为特点。病牛是主要传染源，病毒随鼻分泌物排出，经呼吸道感染健牛。也可通过胎盘感染胎儿，并可引起死胎和流产。本病主要发生于很多国家的规模化牛场。

国外预防牛副流感 3 型疫苗多为联苗。其中包括美国默克动物保健公司生产的牛副流感 3 型、牛呼吸道合胞体病、牛巴氏杆菌三联灭活疫苗（Bovipast RSP）和瑞士诺华动物保健有限公司生产的牛病毒性腹泻、牛呼吸道合胞体病、牛副流感 3 型和牛传染性鼻气管炎四联疫苗（Rispoval 4）。

牛副流行性感冒疫苗使用技术如下：

① 牛副流感 3 型、牛呼吸道合胞体病、牛巴氏杆菌三联灭活疫苗（Bovipast RSP）

A. 疫苗特征　含有灭活的牛呼吸道合胞体 EV908 毒株、牛副流感 3 型 SF－4 Reisinger 毒株和牛溶血性巴氏杆菌（A1）菌株。用于预防上述三种疾病。2～8 ℃避光保存和运输。

B. 使用方法　疫苗摇匀后牛颈部皮下注射，免疫剂量为 5 毫升。牛只初免时间为 2 周龄，间隔 4 周后复免一次。

C. 注意事项　妊娠母牛和泌乳牛均可应用。疫苗应达到室温再免疫接种。疫苗瓶打开后，应在 2 小时内用完。用过的疫苗瓶、器具和未用完的疫苗进行消毒处理。该疫苗应置于远离儿童的地方。个别牛只免疫后注射部位可能会暂时出现轻微不良反应，体温轻微升高，最多持续 3 天。注射部位轻微肿起，15 天后可自行恢复。

② 牛病毒性腹泻、牛呼吸道合胞体病、牛副流感 3 型和牛传染性鼻气管炎四联疫苗（Rispoval 4）　其使用技术参见牛病毒性腹泻疫苗使用技术。

（7）牛轮状病毒病　牛轮状病毒病是由轮状病毒引起的多种幼龄动物的急性胃肠道传染病。感染的犊牛可继发细菌感染，死亡率和发病率较高。该病已在全世界主要养牛国家和地区发生，造成了严重的经济损失。

在疫苗免疫方面，国内疫苗产品尚处于试验阶段。在国外，防治该病的疫苗有美国默克动物保健品有限公司生产的牛冠状病毒、轮状病毒、大肠杆菌、产气荚膜梭菌四联疫苗（Guardian）和牛轮状病毒、冠状病毒、大肠杆菌三联疫苗（Rotavec）；美国 Zoetis 动物保健公司生产的牛轮状病毒和冠状病毒二联弱毒苗（Calf‐Guard）等。

① 牛冠状病毒、轮状病毒、大肠杆菌、产气荚膜梭菌四联疫苗（Guardian）使用技术

A. 疫苗特征　含灭活 G 型轮状病毒，冠状病毒，k99 菌毛型大肠杆菌无细胞提取液，C 型、D 型产气荚膜梭菌类毒素。用于预防牛轮状病毒病、冠状病毒病、产气荚膜梭菌病、大肠杆菌病。贮存温度为 2～8 ℃，避光贮存。

B. 使用方法　用前摇匀，皮下注射，健康妊娠牛产前 3 个月免疫剂量为 2 毫升，3～6 周后相同剂量加强免疫 1 次。

C. 注意事项　疫苗不可冷冻贮存。屠宰前 60 天不可应用疫苗。注射部位可能会出现短暂的不良反应。

② 牛轮状病毒和冠状病毒二联弱毒苗（Calf‐Guard）使用技术

A. 疫苗特征　含牛轮状病毒和冠状病毒弱毒株。用于预防牛轮状病毒病和冠状病毒病。该疫苗属冻干苗，贮存温度为 2～8 ℃，避光贮存。

B. 使用方法　稀释后摇匀，免疫剂量为 3 毫升。新生牛应在 24 小时内免疫疫苗，口腔后部穿刺注射 3 毫升。母牛颈部肌内注

射，2 倍剂量免疫，妊娠前 30 天复种一次。

C. 注意事项　疫苗不可冷冻贮存。屠宰前 21 天不可免疫疫苗，可能会发生不良反应，可应用肾上腺素等解毒药，并结合适当的辅助治疗方法。

（8）牛冠状病毒病　牛冠状病毒病也称新生犊牛腹泻，是由牛冠状病毒引起的犊牛传染病。临床上以出血性腹泻为主要特征。本病还可引起牛的呼吸道感染和成年奶牛冬季的血痢。

在疫苗免疫方面，国内疫苗产品仍处于试验阶段。国外疫苗产品及使用技术见牛轮状病毒病疫苗使用技术。

2. 细菌性疫病

（1）布鲁氏菌病　布鲁氏菌病，简称布病，是由布鲁氏菌属的细菌侵入机体，引起传染-变态反应性的人兽共患的传染病。属国家二类动物传染病，易感动物主要为牛、羊、猪。主要通过病畜及其流产胎儿、乳和乳制品、肉和肉制品、皮毛、土壤、畜粪、尘埃、水等进行传播。人也易感，主要通过消化道、结膜、黏膜等传播途径引起感染。

常用疫苗主要为活疫苗，包括牛布鲁氏菌病活疫苗 S2 株、牛布鲁氏菌病活疫苗 A19 株。

布鲁氏菌病疫苗使用技术如下：

① 布鲁氏菌病活疫苗 S2 株

A. 疫苗特征　布鲁氏菌 S2 株（CVCC 70502）接种适宜培养基培养，收获培养物，加适宜稳定剂，经冷冻真空干燥制成。每头份含活菌数不少于 1.0×10^{10} CFU。用于预防牛、羊和猪布鲁氏菌病。微黄色海绵状疏松团块，易与瓶壁脱离，加稀释液后迅速溶解。2～8 ℃保存，有效期为 12 个月。

B. 使用方法　口服免疫，接种量为每头牛 500 亿活菌，保护期为 24 个月，怀孕母畜口服后不受影响，畜群每年接种一次，长期使用不会导致血清学的持续阳性反应。

C. 注意事项　稀释后，限当天用完。拌水饮服或灌服时，应注意用凉水。若拌入饲料中，应避免使用含有抗生素添加剂的饲料、发酵饲料或热饲料。动物在接种前后 3 天，应停止使用含抗生素添加剂的饲料和发酵饲料。该疫苗对人有一定的致病力，使用时，应注意个人防护。用过的疫苗瓶、器具和未用完的疫苗等应进行无害化处理。用过的木槽可以用日光暴晒消毒。

② 布鲁氏菌病活疫苗 A19 株

A. 疫苗特征　本品含牛布鲁氏菌弱毒 A19 菌株，用于预防牛布鲁氏菌病。微黄色海绵状疏松团块，易与瓶壁脱离，加稀释液后迅速溶解。2～8 ℃保存，有效期为 12 个月。

B. 使用方法　皮下注射，免疫剂量为 $6.0×10^{10}$ CFU 活菌的标准剂量或 $1.0×10^{9}$ CFU 活菌的减低剂量。一般对 3～8 月龄牛接种 1 次标准剂量，6 个月后免疫抗体水平基本低于布鲁氏菌病诊断剂量。必要时可在 18～20 月龄（即第 1 次配种前）再接种 1 次减低剂量。若对成年牛接种标准剂量，通常会出现免疫抗体长期处于较高水平（部分免疫牛可长达 18 个月）而影响布鲁氏菌病的诊断。

C. 注意事项　不可用于孕牛。稀释后，限当天用完。接种时，应作好局部消毒处理。该疫苗对人有一定的致病力，工作人员大量接触可引起感染，使用时要注意个人防护。用过的疫苗瓶、器具和未用完的疫苗等应进行无害化处理。

（2）炭疽　炭疽是由炭疽杆菌引起的多种家畜、野生动物和人的一种的急性、热性、败血性传染病属人兽共患病。急性感染动物多取败血性经过，以脾脏显著肿大、皮下和浆膜下出血性胶样浸润为特征，患病动物濒死期多天然孔出血，血液凝固不良、呈煤焦油样，通过皮肤伤口感染则可能形成炭疽痈。预防炭疽的疫苗主要有两种，即无毒炭疽芽孢苗和Ⅱ号炭疽芽孢苗。

炭疽疫苗使用技术如下：

① 无毒炭疽芽孢苗

A. 疫苗特征　含无荚膜炭疽芽孢杆菌（C40-205）株甘油悬液，活芽孢数至少为每毫升 1 500 万～2 500 万个。疫苗静置后，上层为透明液体，瓶底有少量灰白色沉淀，震荡后呈均匀混悬液。用于预防牛炭疽。加稀释液后迅速溶解。2～8 ℃保存，有效期为 24 个月。

B. 使用方法　皮下注射，免疫剂量为 1 岁以上牛只注射 1 毫升，1 岁以下牛注射 0.5 毫升。

C. 注意事项　用前需充分摇匀。山羊禁用，马慎用。该疫苗宜秋季使用，牛只春乏或气候骤变时禁止使用。接种时应执行常规无菌操作。一般无不良反应。用过的疫苗瓶、器具和未用完的疫苗等应进行无害化处理。

② Ⅱ号炭疽芽孢苗

A. 疫苗特征　含炭疽杆菌Ⅱ号弱毒菌株，在适宜培养基上培养，形成芽孢后，悬浮于灭菌甘油蒸馏水中制成。每毫升含活芽孢 1 300 万～2 000 万个，疫苗静置后，上层为透明液体，瓶底有少量灰白色沉淀，震荡后呈均匀混悬液。用于预防牛炭疽。加入稀释液后迅速溶解。2～8 ℃保存，有效期为 24 个月。

B. 使用方法　颈部皮下注射 1 毫升或皮内注射 0.2 毫升。注射 14 天后即可产生坚强的免疫力，保护期为 12 个月。

C. 注意事项　被注射家畜必须健康。若体质瘦弱、有病或天气突变，均不可使用。山羊禁用，马慎用。该疫苗注射后部分牛只可能食欲减退，有 2～3 天的体温反应，注射部位有轻微肿胀，应停止使役 3～5 天，即可恢复正常。如有严重反应时，应采取对症治疗措施。

(3) 牛出血性败血症　牛出血性败血症又名牛巴氏杆菌病，是由多杀性巴氏杆菌引起的一种牛的全身性出血性传染病。以高热、肺炎、急性胃肠炎和内脏广泛出血为特征。

国内常用疫苗为牛多杀性巴氏杆菌病灭活疫苗和猪、牛多杀性巴氏杆菌病灭活疫苗，前者由牛源多杀性巴氏杆菌 C45-2、C46-2、C47-2 强毒菌株制成，后者由牛源、猪源 B 群多杀性巴氏杆菌制成。

牛出血性败血症灭活疫苗使用技术如下：

① 疫苗特征　含有灭活的牛源多杀性巴氏杆菌 C45-2、C46-2、C47-2 强毒菌株，用于预防牛出血性败血症。贮存温度为 2～8 ℃，

避光贮存，有效期为1年。

② 使用方法　皮下或肌内注射，100千克体重以下的牛只免疫剂量为4毫升，100千克体重以上的牛只免疫剂量为6毫升。保护期为9个月。

③ 注意事项　注射所用针头、针管等器具应事先进行消毒。如煮沸消毒，至少应煮沸30分钟。每注射一头牛要更换一次消毒的针头。注射部位应先用碘酒消毒，然后注射。最好先剪毛、后消毒、再注射。疫苗当天用完，用过的疫苗瓶及器具等，应消毒处理，不可乱扔。注射疫苗后部分牛只可能有2～3天的体温反应，注射部位有轻微肿胀，个别家畜有食欲减退现象，应停止使役3～5天，即可恢复正常。如有严重反应时，应采取对症治疗措施。

（4）牛副伤寒　牛副伤寒临床上以败血症、出血性胃肠炎、怀孕动物发生流产等为特征，在犊牛有时表现为肺炎和关节炎症状。病原主要为鼠伤寒沙门氏菌及都柏林沙门氏菌。

免疫接种是防制本病的有效措施。疫苗有牛副伤寒灭活疫苗和牦牛副伤寒活疫苗。

牛副伤寒活疫苗使用技术如下：

① 疫苗特征　含灭活的肠炎沙门氏菌（都柏林变种）和沙门氏菌（牛分离株），用于预防牛副伤寒。疫苗静置后，上层为灰褐色澄明液体，下层为灰白色沉淀，振摇后呈均匀混悬液。2～8℃避光贮存，有效期12个月。

② 使用方法　肌内注射，1岁以下小牛免疫剂量为1～2毫升，1岁以上牛为2～5毫升。为加强免疫力，对1岁以上牛，初免10天后相同剂量复免一次。已发生副伤寒的牛群，对2～10日龄的犊牛可肌内注射1～2毫升。对于孕牛，应在产前1.5～2个月免疫。注射后14天产生免疫力，免疫期约6个月。

③ 注意事项　疫苗严禁冻结，使用前需充分振摇均匀。病、弱牛不宜注射。

（5）气肿疽　牛气肿疽又称黑腿病或鸣疽。是由气肿疽梭菌引起的一种急性、败血性传染病。其特征为肌肉丰满部位发生炎性气性肿胀，并常有跛行。该病多发于夏季，呈地方流行性，发病率高，潜伏期 3～5 天，一般病程 1～3 天，也有效延长至 10 天，若不及时采取综合防治措施，死亡率高达 100%。国内常用疫苗为牛气肿疽灭活疫苗和明矾菌苗。

牛气肿疽灭活疫苗使用技术如下：

① 疫苗特征　含灭活气肿疽梭菌菌株，贮存温度为 2～8 ℃，避光贮存。疫苗存放于冷藏设备后应设专人负责保管，疫苗应在有效期内使用。

② 使用方法　牛颈部或肩胛后缘皮下注射，免疫剂量为 5 毫升，6 月龄内小牛在满 6 个月时相同剂量复免一次。注射后 14 天产生免疫力，免疫期 1 年。

③ 注意事项　在流行的地区及其周围，每年春、秋两季进行气肿疽甲醛菌苗或明矾菌苗预防接种。病畜应立即隔离治疗，死畜禁止剥皮吃肉，应深埋或焚烧。病畜厩舍、围栏、用具或被污染的环境用 3% 福尔马林或 0.2% 升汞液消毒，粪便、污染的饲料、垫草均应焚烧。注射疫苗后部分牛只可能有 2～3 天的体温反应，注射部位有轻微肿胀，个别家畜有食欲减退现象，应停止使役 3～5 天，即可恢复正常。如有严重反应时，应采取对症治疗措施。

(6) 破伤风　破伤风又名强直症，俗称锁口风，是由破伤风梭菌经伤口感染引起的一种急性中毒性人兽共患病。临诊以骨骼肌持续性痉挛和神经反射兴奋性增强为特征。本病广泛分布于世界各国，呈散在性发生。各种家畜均有易感性，其中以单蹄兽最易感，猪、羊、牛次之，犬、猫仅偶尔发病，家禽自然发病罕见。

在破伤风防治方面，国内应用破伤风类毒素和破伤风抗血清。破伤风类毒素免疫原性良好，使用安全方便，免疫期长，坚持实施免疫接种，可取得较好的防治效果。破伤风抗血清既可用于免疫接种，又可用于特异性治疗。在动物发生严重创伤或进行较大手术之前，用破伤风抗毒素进行紧急免疫接种，同时注射破伤风类毒素。动物发生破伤风时，可用破伤风抗毒素进行治疗，早期使用效果良好。

破伤风类毒素使用技术如下：

① 疫苗特征　含强产毒力破伤风梭菌产生的外毒素，用于防治破伤风。静置时，瓶底有大量白色沉淀物，上部为微黄色澄明液体，振摇后为微带黄色的乳浊液。贮存温度为 2～8 ℃，避光贮存。

② 使用方法　皮下注射，免疫剂量为 0.5～1 毫升，注射后 1 个月产生免疫力，免疫期为 1 年，第二年复种一次，免疫期可达到 4 年。牛在阉割等手术前 1 个月进行免疫接种，可起到预防本病作用。对较大较深的创伤，除作外科处理外，应肌内注射破伤风抗血清 1 万～3 万单位。

③ 注意事项　牛体一旦出现伤口，应及时用双氧水或 0.1%高锰酸钾溶液洗涤并涂擦 5%碘酊消毒。去势、阉割、接产时除手术部位要严密消毒做到无菌操作外，事前最好注射抗破伤风血清 1 万～3 万单位，有良好的预防作用。勤出粪、勤垫栏、勤消毒，保持栏圈清洁卫生。

（7）肉毒梭菌病　肉毒梭菌病是一种由肉毒梭菌毒素引起的以运动神经麻痹为特征的中毒性疾病，属人兽共患病，该病在世界各地均有发生，但不常见，死亡率高。

常见疫苗包括肉毒梭菌 C 型灭活疫苗和类毒素疫苗。

肉毒梭菌 C 型灭活疫苗使用技术如下：

① 疫苗特征　含有灭活的免疫原性良好的 C 型肉毒梭菌，用于预防牛 C 型肉毒梭菌中毒症。静置后，上层为橙色澄明液体，下层为灰白色沉淀，振摇后呈均匀混悬液。贮存温度为 2～8 ℃，避光贮存，有效期为 3 年。

② 使用方法　用时充分摇匀，皮下注射。常规苗免疫剂量为 10 毫升，透析苗免疫剂量为 2.5 毫升。

③ 注意事项　发病牛只的粪便内含有多量肉毒梭菌及其毒素。应及时清除牛舍及其周围的垃圾和尸体。

（8）牛肠毒血症　又称牛产气荚膜梭菌病或牛魏氏梭菌病，是由产气荚膜梭菌引起的一种急性传染病。以病牛突然死亡、消化道和实质器官出血为特征。各日龄牛只均可能发病，但以犊牛、孕牛和高产牛多发，死亡率 70%～100%。一年四季均可发病，但以春、秋两季为主。多呈散发或地方性流行。

国内预防牛产气荚膜梭菌病，主要应用灭活疫苗。国外除应用灭活疫苗（如辉瑞动物保健品有限公司生产的四联疫苗 Scour Guard 4KC）外，抗毒素产品（如美国科罗拉多血清公司生产的产气荚膜梭抗毒素）应用也较为广泛。

① 牛产气荚膜梭菌病四联疫苗（Scour Guard 4KC）使用技术

A. 疫苗特征　含灭活的 C 毒素型产气荚膜梭菌、轮状病毒、冠状病毒、大肠杆菌。用于预防牛产气荚膜梭菌病、轮状病毒病、冠状病毒病、大肠杆菌病。贮存温度为 2～8℃，避光贮存。

B. 使用方法　推荐用于免疫健康母牛、妊娠母牛和小母牛。免疫前摇匀，颈部肌内注射，初免剂量为 2 毫升，临产前 3～6 周复免一次。

C. 注意事项　屠宰前 21 天内不可接种该疫苗。免疫后个别牛只可能会出现不良反应，可根据情况给予肾上腺素治疗，必要时配合其他辅助疗法。病牛和营养不良牛只免疫后，可能无法激发免疫应答。

② 牛产气荚膜梭菌抗毒素

A. 疫苗特征　含 C、D 毒素型产气荚膜梭菌抗毒素。用于临时预防 C、D 毒素型牛产气荚膜梭菌病。贮存温度为 -20℃，避光贮存。

B. 使用方法　免疫前抗毒素温度应达到室温。肌内注射，免疫剂量为 25 毫升，免疫保护期为 14～21 天。

C. 注意事项　抗毒素不可反复冻融。瓶内浑浊、有异物，不可使用。只能用于临时免疫接种。免疫后个别牛只可能会出现不良反应，应采取相应治疗措施。

3. 其他疫病

(1) 牛传染性胸膜肺炎　牛传染性胸膜肺炎又称牛肺疫，是由丝状支原体丝状亚种引起牛的一种接触性呼吸道传染病，以纤维素性胸膜肺炎为特征，主要侵害肺、胸膜、胸部淋巴结，发生大叶性肺炎和浆液性纤维素性胸膜炎。本病曾在许多国家发生流行，引起巨大损失。我国已于 1996 年在全国范围内消灭了本病。

目前，世界上用于预防牛传染性胸膜肺炎的疫苗主要为弱毒疫苗，包括 V5 疫苗、T1 疫苗、KH3J 疫苗、牛传染性胸膜肺炎兔化弱毒苗、牛传染性胸膜肺炎兔化绵羊适应弱毒苗、牛传染性胸膜肺炎兔化藏系绵羊化弱毒苗等。我国使用的牛传染性胸膜肺炎兔化弱毒苗、牛传染性胸膜肺炎兔化绵羊适应弱毒苗（菌株为 C88001、C88002 菌株）、牛传染性胸膜肺炎兔化藏系绵羊化弱毒苗（菌株为 C88003 菌株），在控制和消灭牛传染性胸膜肺炎中发挥了重要作用。

牛传染性胸膜肺炎兔化绵羊适应弱毒苗使用技术如下：

① 疫苗特征　含牛丝状支原体丝状亚种兔化绵羊适应株，用于牛传染性胸膜肺炎的预防。微白或微黄色海绵状疏松团块，易与瓶壁脱离，加稀释液后迅速溶解。贮存温度为 2～8 ℃，避光贮存，有效期 1 年。

② 使用方法　免疫前用 20％氢氧化铝胶生理盐水将疫苗稀释 50 倍，臀部肌内注射，成牛免疫剂量为 2 毫升，6～12 月龄牛只免疫剂量为 1 毫升。

③ 注意事项　半岁以下犊牛、临产孕牛或瘦弱牛不得注射。本疫苗一般用于疫区或疫区周围受威胁地区，未使用过本疫苗的地区应先做小区试验，证明安全后再使用。疫苗当天用完，用过的疫苗瓶及器具等，应无害化处理。

（2）牛焦虫病　以蜱为媒介传播的一种虫媒传染病，病原为焦虫可分为牛巴贝斯焦虫和牛环形泰勒焦虫。临床上以高热、贫血、黄疸、血红蛋白尿、迅速消瘦和产奶量降低为特征。该病对牛只的危害大，死亡率较高。

目前，国内预防牛焦虫病的疫苗有牛泰勒焦虫病裂殖体胶冻细胞苗，巴贝斯焦虫国内目前尚无疫苗。国外，印度免疫学有限公司也生产了牛环形泰勒焦虫裂殖体淋巴细胞苗（Rakshavac‑T）。

牛环形泰勒焦虫裂殖体淋巴细胞苗（Rakshavac‑T）使用技

术如下：

① 疫苗特征　含牛环形泰勒焦虫裂殖体，通过淋巴母细胞增殖，传代致弱等技术制备。用于预防蜱传播的牛环形泰勒焦虫病。疫苗原液应在液氮中贮存，稀释后的疫苗液贮存温度为 2～8 ℃，避光贮存。

② 使用方法　肌内注射，成牛和两个月以上小牛免疫剂量为 3 毫升，保护期为 3 年。

③ 注意事项　2 个月以下犊牛、临产孕牛不得注射。该疫苗免疫后一般无不良反应，极少牛只会出现肩胛骨淋巴结轻微肿大，且极少出现超敏。稀释后的疫苗应在 1 小时内用完，剩余疫苗不可冷冻和重复使用。有蜱的地区应定期灭蜱，牛舍内 1 米以下的墙壁，要用杀虫药涂抹，杀灭残留蜱。对牛体表的蜱要定期喷药或药浴，以便杀灭之。要到没有蜱的牧场放牧，对在不安全牧场放牧的牛群，于发病季节前定期药物预防，以防发病。

（3）牛无浆体病　无浆体病也叫边虫病，是由无浆体引起的反刍动物的一种慢性和急性传染病，其特征为高热、贫血、消瘦、黄疸和胆囊肿大。本病可经蜱传播，广泛分布于热带和亚热带地区，在南美洲、北美洲、非洲、南欧、澳大利亚、中东等地区流行。我国也有发生，对养牛业危害很大。

在牛无浆体病防治方面，主要应用杀螨剂和疫苗。杀螨剂包括合成拟除虫菊酯、阿米曲士和有机磷酸盐等，患牛每隔 4～6 周浸蘸杀螨剂一次，可得到较好的治疗效果。在国内，牛边虫病疫苗应用较少，国外牛边虫病疫苗包括牛边虫病单价活疫苗和牛边虫、牛巴贝虫二联疫苗。

牛边虫、牛巴贝斯焦虫二联疫苗使用技术如下：

① 疫苗特征　含牛边虫和牛巴贝斯焦虫。疫苗原液应在液氮中贮存，稀释后的疫苗液贮存温度为 2～8 ℃，避光贮存。

② 使用方法　肌内注射，成牛和 2 月龄以上小牛免疫剂量为 3 毫升，保护期为 2 年。免疫牛可获得较高的免疫力。

③ 注意事项　2 个月以下犊牛、临产孕牛不得注射。有蜱的

地区应定期灭蜱，牛舍内 1 米以下的墙壁，要用杀虫药涂抹，杀灭残留蜱。对牛体表的蜱要定期喷药或药浴，以便杀灭之。要到没有蜱的牧场放牧，对在不安全牧场放牧的牛群，于发病季节前定期药物预防，以防发病。

（五）免疫效果的评估

抗体检测是以一种抗体或多种抗体作为分析样品，对待测样品进行定量或定性分析的检测方法。在诊断动物疫病、免疫效果评估、疾病预警、预报、疫病防控等方面意义重大。在评价疫苗质量和免疫效果方面，通过在免疫前后检测血清抗体检测水平，确定免疫保护力持续时间，从而客观、准确地评价疫苗质量。此外，通过检测牛群的整体抗体水平合格率、抗体水平均匀度、抗体持续时间来评估免疫效果，若免疫合格率达不到规定水平，可根据抗体检测结果，调查与分析原因，及时改进免疫程序，采取补免措施，从而确保免疫效果。

在牛场疫病预警方面，通过定期对牛群进行抗体检测，可确定牛群整体抗体水平高低和整齐度，若抗体水平一直较高，表明牛群整体抵抗力强，存在疾病的可能性较小。若某种疾病的血清抗体水平一直较低且整齐度差，预示牛群有感染该病的风险，或可能存在免疫抑制性疾病。由此可见，抗体检测对疾病的预警作用是牛场有效防控疾病的关键环节之一，是牛场疾病的风向标。

（六）影响免疫效果的因素

1. 母源抗体的影响

母源抗体是指通过胎盘、初乳或卵黄从母体所获得的抗体，由于母源抗体的存在，犊牛可对某些疾病具有较强的抵抗力。但母源抗体水平高低对犊牛早期应用疫苗后的免疫效果存在干扰，尤其是对活疫苗的干扰更为严重，所以制定相应免疫程序前须考虑到母源抗体因素。犊牛体内存在较高的母源抗体时，抗原在诱发免疫应答前对母源抗体产生中和或清除作用，从而降低了犊牛的免疫力，只有当母源抗体下降到一定水平，使用疫苗后才能充分发挥其免疫作用。如果牛群接种疫苗后，犊牛通过初乳获得了母源抗体，初次免疫应后延；而当母牛没有进行过免疫接种时，或者当犊牛受到某类传染病威胁时，则应较早地进行预防接种。因此，制定免疫程序前，应对牛群母源抗体水平进行监测，及时掌握牛群母源抗体水平，更科学地制定适合本场的疫苗免疫程序。

2. 免疫抑制性疾病的影响

免疫抑制病是由不同病原引起的对牛免疫器官造成一定程度损伤，使其细胞免疫、体液免疫功能显著降低的一类疾病，其共同特点是发病相对缓慢，发病率差异比较大，发病不集中，多为轮流发病，持续的时间较长，使其对疫苗免疫的反应能力下降，经常出现达不到有效保护的免疫水平，造成免疫保护失败。如，严重的霉菌毒素中毒可破坏奶牛免疫系统，对免疫应答的强烈抑制表现为降低 T 淋巴细胞和 B 淋巴细胞的活性，抑制免疫球蛋白和抗体的产生，降低补体和干扰素的活性，损害巨噬细胞的功能。牛地方流行性白血病能造成母牛免疫器官破坏，严重免疫抑制。

3. 环境因素的影响

动物机体的免疫功能在一定程度上受导致神经、体液和内分泌的调节，在温度过低或过高、湿度过大、通风不良、拥挤、饲料突然改变、运输、转群等不良环境因素的影响下，牛只机体应激较大，肾上腺皮质激素分泌增加，肾上腺皮质激素严重损伤 T 淋巴细胞，对巨噬细胞也有抑制作用。因此，牛群处于不良环境会导致强烈的应激反应，此时接种疫苗，会导致免疫失败。

（七）规模化奶牛场参考免疫程序

随着我国规模化奶牛场的不断增多，疾病种类和发病率不断增加。制定科学合理的免疫程序，是有效预防和控制疾病的关键因素之一。

应根据周边地区疫病发生和流行情况，相关动物防疫部门制定的免疫程序，并结合本场实际情况制定科学合理的免疫程序。此外，免疫程序应根据实际生产需要，不断变化、改进与完善。规模化奶牛场犊牛、育成牛和成母牛参考免疫程序详见表2。

表2 犊牛、育成牛和成母牛参考免疫程序

生长阶段	疾　病	免疫途径及疫苗类型	推荐或自愿	注　释
犊牛（新生）	轮状病毒及冠状病毒	口服，减毒活疫苗	自愿	在喂初乳前口服；大于1日龄的牛可能无效
	牛传染性鼻气管炎/牛副流感	滴鼻，减毒活疫苗	自愿	每鼻孔滴1剂
	口蹄疫	肌内注射	强制免疫	根据地区流行情况选择相应多价疫苗。60日龄首免，间隔2周二免
犊牛（4～8月龄）	口蹄疫	肌内注射	强制免疫	7～8月龄免疫1次
	牛黏膜病	皮下或肌内注射	推荐	减毒活疫苗至少免疫1次；灭活疫苗需间隔2～4周，2次免疫
	牛传染性鼻气管炎/牛副流感	皮下或肌内注射	推荐	遵循兽医的建议进行免疫；减毒活疫苗至少免疫1次；灭活疫苗需间隔2～4周，2次免疫
	呼吸道合胞体	皮下或肌内注射	自愿	间隔2～4周，2次免疫
	牛肠毒血症	皮下注射	自愿	间隔2～4周，2次免疫；选择多价疫苗
	布鲁氏菌病（A19株）	肌内注射，弱毒活疫苗	自愿	应在当地兽医部门批准后使用；3～6月龄犊牛首次免疫，可在12～13月龄加强免疫1次

（续）

生长阶段	疾 病	免疫途径及疫苗类型	推荐或自愿	注 释
小母牛（12～15月龄）配种前	牛黏膜病	皮下或肌内注射	推荐	减毒活疫苗至少免疫1次；灭活疫苗需间隔2～4周，2次免疫
	牛传染性鼻气管炎/牛副流感	皮下或肌内注射	推荐	遵循兽医的建议进行免疫；至少配种前一个月使用；减毒活疫苗至少免疫1次；灭活疫苗首次免疫需间隔2～4周，2次免疫，加强免疫1次
	呼吸道合胞体	皮下或肌内注射	自愿	首次免疫需间隔2～4周，2次免疫，加强免疫1次
	牛肠毒血症	皮下注射	自愿	首次免疫需间隔2～4周，2次免疫，加强免疫1次
	口蹄疫	肌内注射	强制免疫	12月龄免疫1次
待产母牛（产前5～6周）	轮状病毒及冠状病毒	皮下或肌内注射	自愿	首次免疫需间隔2～4周，2次免疫，加强免疫1次；犊牛从初乳中获得保护性抗体
	大肠杆菌	皮下或肌内注射	自愿	每次产犊重复使用；首次免疫需间隔2～4周，2次免疫，加强免疫1次；犊牛从初乳中获得保护性抗体
成母牛	牛黏膜病	皮下或肌内注射	推荐	每年加强免疫1次或2次；遵循兽医的建议进行免疫
	牛传染性鼻气管炎/牛副流感	皮下或肌内注射	推荐	每年加强免疫1次或2次；遵循兽医的建议进行免疫
	呼吸道合胞体	皮下或肌内注射	推荐	每年加强免疫1次或2次；遵循兽医的建议进行免疫

（续）

生长阶段	疾　病	免疫途径及疫苗类型	推荐或自愿	注　释
成母牛	牛肠毒血症	皮下或肌内注射	推荐	每年加强免疫 1 次；选择多价疫苗
	口蹄疫	肌内注射	强制免疫	每年 1 月、5 月和 9 月各免疫一次

注：疫苗免疫应根据牛场及周边传染病风险进行选择。

四、常用检验技术

（一）病理剖检

病理剖检是运用病理解剖学理论及其他相关学科知识与技术，通过检查死亡动物尸体的病理变化，来研究疾病发生、发展的规律，是诊断疾病的一种方法。

常规病理剖检顺序为先体表、后体内。

1. 外部检查

观察被毛、皮肤、结膜、天然孔状态，检查动物营养状况、有无外寄生虫等。

2. 内部检查

（1）剥皮和皮下检查。

（2）腹腔的剖开和腹腔脏器的视检。

（3）胸腔的剖开和胸腔脏器的视检。

（4）腹腔器官的采出。

（5）胸腔器官的采出。

（6）口腔颈部器官的采出。

（7）颈部、胸腔和腹腔脏器的检查。

（8）骨盆腔脏器的采出和检查。

（9）颅腔剖开、脑的取出和检查。

（10）鼻腔剖开和检查。

（11）脊椎管的剖开，脊髓的取出和检查。

（12）肌肉和关节的检查。

（13）骨和骨髓的检查。

剖检时，应对动物尸体的病理变化做到全面观察、客观描述、详细记录，然后进行科学分析和推理判断，从中作出符合客观实际的病理解剖诊断结果。

科学、正确的病理剖检技术不仅对诊断疾病、兽医学和医学的研究工作意义重大。同时，在法兽医学方面可为刑事案件的侦查、兽医学医疗事故的鉴定和案件审判提供线索和兽医学证据。

（二）病料采集与送检

病料采集与送检是动物防疫工作的关键环节之一，是开展动物疾病检测工作的前提。采样方法、采样部位、采样数量和样品保存与送检要求，直接决定检测结果的准确性和结论的科学性，对动物疫病诊断、流行病学调查、免疫检测、动物疫病防控等影响较大。因此，防疫人员和兽医工作者应掌握病料的采集和送检技术。各类病料的采集方法与送检要求详见表3。

表3 病料采集方法与送检要求

病料种类	采集方法	送检要求
液态类病料	包括脓汁、胸水、鼻液、分泌物、排泄物等。用棉球棒采取或注射器吸取后放入试管	置于带有冰袋的冷藏箱内保存。立即送检
实质器官类	在解剖尸体时立刻无菌操作采取小块实质器官（3～5厘米^3），放在灭菌试管或平皿内	若1天内可送检，置于带有冰袋的冷藏箱内保存；若不能立即送检，置于−20℃冷藏箱保存
血液	外科常规操作静脉采血，避免溶血	置于带有冰袋的冷藏箱内保存。立即送检
胃肠及其内容物	除去粪便的肠管，清洗后放在平皿内，粪便可用棉球棒采取；也可将胃肠两端扎好，剪下后送往实验室	置于带有冰袋的冷藏箱内保存。立即送检
胎儿	可将流产胎儿送往实验室；也可用吸管或注射器吸取胎儿胃内容物放在试管内	置于带有冰袋的冷藏箱内保存。立即送检

（续）

病料种类	采集方法	送检要求
长骨	不可破坏两端，除去肌腱等，用纱布包好	置于带有冰袋的冷藏箱内保存。立即送检
皮肤、毛发	采取有病变的皮肤，并带一部分正常皮肤。毛发也要取病变部分，并带毛根，放入平皿	置于带有冰袋的冷藏箱内保存。立即送检
中毒类病料	为防止胃肠内容物、剩余饲料水分蒸发，应将病料放入密封的瓶或塑料袋内	置于带有冰袋的冷藏箱内保存。立即送检
寄生虫病料	采取粪便和抗凝的血液	置于带有冰袋的冷藏箱内保存。立即送检
饲料	采取发霉或供饲料成分分析的各种饲料	置于带有冰袋的冷藏箱内保存。立即送检

（三）病原分离

病原分离技术是微生物学中最基本、最重要的技术之一。通过正确的病原分离技术，可获得纯培养后的病原微生物，如细菌、病毒、寄生虫等，对微生物检测与研究意义重大。病原分离方法有多种，具体操作不同，但共同特点是在一定的环境（培养基）中，只让一种微生物生长繁殖，即纯培养。病原分离主要分为细菌分离、病毒分离和寄生虫分离。

1. 细菌分离

是指从病料中分离、纯培养出目的病原菌，进行疾病诊断及有关研究工作。细菌分离方法分为分离培养法、纯培养和移植接种法。

（1）分离培养法

① 通用分离培养法　分为平板划线分离培养法和稀释平板分离培养法。

A. 平板划线分离法　指用接种环挑取待检病料，涂在固体培养基表面，一般作1～3次画线。接种环上的多余病料烧掉后，从第一次画线处引出第二次画线，接种环火焰灭菌后，再从第二次画线处引出第三次画线。即可把整个平板画满，注意每一次画线只能与上一次画线重叠，这样就可以在最后的1～2次画线上出现单个菌落，以便进行纯培养。

B. 稀释平板培养法　指将待检病料0.1毫升，加入装有0.9毫升灭菌生理盐水的试管中，作倍比稀释。根据待检病料中菌体数量的多少决定取哪一个稀释度；若稀释度过大，可能分离不到细菌；若稀释度过小，会因细菌数目过多而分离不到单个菌落。选择好稀释度后，取相应稀释度的待检病料0.1毫升，均匀涂布于固体培养基表面，置37℃温箱中培养24～48小时，取出平皿后挑取固体培养基表面的单个疑似菌落，进行纯培养。

② 厌氧分离培养法　厌氧分离培养前需具备厌氧培养环境，创造厌氧环境的方法分为化学吸氧法、生物排氧法和物理除氧气法等。具备厌氧培养条件后，可采用穿刺培养法、平板划线法、稀释平板分离法进行细菌厌氧分离。

A. 穿刺培养法　指用接种环挑取适量待检病料，刺入固体培养基深层，形成厌氧环境，置于37℃温箱中培养。如有厌氧菌，在固体培养基深层会有菌落产生，可挑取疑似菌落作纯培养。

B. 平板划线法，操作见通用分离培养法，接种后置于厌氧环境中培养即可。

C. 稀释平板分离法，操作见通用分离培养法，接种后置于厌氧环境中培养即可。

（2）细菌纯培养和移植接种　纯培养是指获得只含有一种细菌培养物的方法，最理想的纯培养是得到一种细菌的后代。移植接种是指把某种细菌移种到一个新的培养基上，使它在其上继续生长。

2. 病毒分离

病毒缺乏完整的酶系统，又无核糖体等细胞器，所以不能在无生命的培养基内生长。因此，应将病毒接种在实验动物、鸡胚、体外培养的器官和细胞上培养，然后进行病毒的分离。

（1）鸡胚培养　鸡胚接种前，先用检卵器检查鸡胚活力，并用铅笔画出气室和胚胎的位置，在避开大血管处标记接种部位。病料在接种前先用抗生素处理，置4℃冰箱内1～2小时后再接种。鸡胚接种方法很多，主要包括绒毛尿囊腔接种法、尿囊腔接种法、卵黄囊接种法、羊膜腔接种法、脑内接种法、胚体接种法和静脉接种法等，无论选择哪种方法接种鸡胚，一定要注意严格的无菌操作。

（2）组织培养　细胞培养应用较为广泛，常用于病毒性传染病的诊断和疫苗生产。细胞培养的方法很多，主要分为细胞培养法、悬浮细胞培养法和混合细胞及融合细胞培养法。一般病毒分离多采用病毒的原宿主原代上皮细胞，特别是肾脏和睾丸上皮细胞较为敏感。

3. 寄生虫分离

寄生虫的种类很多，如吸虫、绦虫、线虫、昆虫和蜱螨等。不同种类的寄生虫分离与采集的方法不同，下面以吸虫为例介绍寄生虫分离与采集技术。

在各脏器中或其冲洗沉淀中，如发现吸虫时，应以弯头解剖针将虫体挑出，不可用镊子夹取，因为镊子夹住的部位会使虫体损坏变形，影响观察。挑出的虫体用1‰生理盐水清洗。较小的虫体可放入装有盐水的小试管中，充分震荡将污物去除洗净。较大的虫体可用软毛刷刷洗。洗净后较小的虫体可先在薄荷脑溶液中使虫体松弛，之后投入固定液中固定。较大较厚的虫体标本，可将虫体先压入两截玻片间，为了不使虫体压得过薄可在玻璃片两端垫上适当厚度的纸片，然后用橡皮筋扎紧玻片两端。进行虫体形态观察时需制成染色装片标本或切片标本。

（四）抗体检测

随着国家对动物疾病防控的日益重视，抗体检测技术的应用也越来越广泛。抗体检测可用于疫病初步诊断、免疫效果评估、动物疫病防控与预警等领域。抗体检测的方法很多，传统方法包括沉淀反应、凝集试验、补体结合试验。此外，酶联免疫吸附试验已成为主要的免疫测定技术被广泛使用。应用上述抗体检测技术，一般都需要先采集动物血清，然后进行血清抗体检测。

1. 血清采集方法

一般情况下，牛的采血部位是颈静脉。站立保定动物，颈静脉沟剪毛、消毒。采血者用一手压迫颈静脉下端，使颈静脉充分怒张；另一手持好 5 毫升一次性注射器斜 45°角刺入颈静脉 1～2 厘米处，血液即可采出。获得的血液不能抗凝。采集到的血液应立即送往实验室，静置或置 37 ℃环境中促其凝固，待血液凝固后，将其平衡后离心。一般为 3 000 转/分，离心 5～10 分钟，得到的上清液即为血清。

2. 血清分离注意事项

（1）应保持血清的新鲜，避免污染，且不得添加任何其他成分，以免造成假阳性。

（2）分离后的血清放于－20 ℃冰箱更稳定。标本存放时需加塞，以免水分挥发而使血清浓缩。

（3）采血时，采血者要认真做好自身防护工作，采血设备需经消毒干燥以防溶血，同时要做好采血记录。

（4）在送样过程中，为防止溶血，血样不可剧烈摇晃。

（5）牛只静脉的深浅不一样，要求使用的针头也不一样，所以要选择合适的注射器及针头。注射器应使用一次性的。

（6）采血时，部分动物性情猛烈，应激反应较大，需准备抢救药。

3. 抗体检测方法

（1）**酶联免疫吸附试验** 酶联免疫吸附试验，英文缩写为 ELISA。原理为抗原或抗体的固相化及抗原或抗体的酶标记。结合在固相载体表面的抗原或抗体仍保持其免疫学活性，酶标记的抗原或抗体既保留其免疫学活性又保留酶的活性。在测定时，受检标本（测定其中的抗体或抗原）与固相载体表面的抗原或抗体起反应。用洗涤的方法使固相载体上形成的抗原抗体复合物与液体中的其他物质分开。再加入酶标记的抗原或抗体，也通过反应而结合在固相载体上。此时固相上的酶量与标本中受检物质的量呈一定的比例。加入酶反应的底物后，底物被酶催化成为有色产物，产物的量与标本中受检物质的量直接相关，故可根据呈色的深浅进行定性或定量分析。由于酶的催化效率很高，间接地放大了免疫反应的结果，使测定方法达到很高的敏感度。

根据试剂的来源和标本的情况以及检测的具体条件，可设计出各种不同类型的检测方法。双抗体夹心法测抗原、双抗原夹心法测抗体、间接法测抗体、竞争法测抗体、竞争法测抗原等。目前，已有商品化、标准化的抗体检测试剂盒，可用于检测口蹄疫、布鲁氏菌病、结核病等。

（2）沉淀反应　可溶性抗原与抗体结合，在两者比例合适时，可形成较大的不溶性免疫复合物。在反应体系中出现不透明的沉淀物，这种抗原抗体反应称为沉淀反应。沉淀反应包括环状沉淀反应、单向免疫扩散试验、免疫比浊法、双免疫扩散试验、对流电泳和免疫电泳等。例如检测炭疽常用热沉淀反应试验（Ascoli）。

（3）凝集试验　凝集试验是颗粒性抗原（如细菌、红细胞等）或表面载有抗原的颗粒状物质（如聚苯乙烯胶乳、红细胞、碳素颗粒等），与相应抗体在电解质存在下结合，出现肉眼可见的凝集现象的试验。凝集试验是一个定性的检测方法，即根据凝集现象的出现与否判定结果阳性或阴性；也可以进行半定量检测，即将标本做一系列倍比稀释后进行反应，以出现阳性反应的最高稀释度作为滴度。由于凝集反应方法简便、敏感度高，已成为通用的免疫学试验，广泛应用于临床检验。

凝集反应可分为直接凝集反应和间接凝集反应两大类。直接凝集试验可分为玻片法、平板法、试管法及微量凝集法等。例如，检测布鲁氏菌病常用平板法作为初步诊断和用试管法作为确诊的依据。间接凝集试验中的间接血凝试验和乳胶凝集试验应用最为广泛。例如，间接血凝试验用于牛衣原体病和口蹄疫抗体检测，胶乳凝集试验被用于牛无浆体病的田间检测。

（4）中和反应 毒素、酶、激素或病毒等与其相应的抗体结合后，导致生物活性的丧失，称为中和反应。常用的中和试验有病毒中和试验和毒素中和试验。病毒中和试验主要用于检测抗病毒抗体（中和抗体）。

（五）检测报告分析要点

分析检测报告时，要根据不同的检测方法选择不同的结果判定标准，从而分析检测报告数据。由于抗体检测数据结果相对难以理解，可采用图形分析法，对数据和结果进行直观化的分析。通过抗体分析可确定免疫后抗体水平是否合格，决定加强免疫的时间，如通过对口蹄疫的抗体监测，能够掌握其抗体动态，通过及时的免疫可以预防感染的发生。若没有进行疫苗免疫的疾病，通过抗体检测可以确定该疾病在牛群中的感染情况，如通过对没有免疫牛病毒性腹泻黏膜病、牛传染性鼻气管炎疫苗的牛群抗体进行监测，可以掌握其在牛群中的流行情况，对该病的发生可以起到预警的作用，为预防该病提供理论依据。

（六）实验室检测常见误区

1. 血清样品采集不合理

血清样品采集是否合理是影响抗体检测结果的重要因素之一。主要体现在以下几种情况。

（1）血清采集方法 由于未按照正规的血液采集方法操作，造成血清标本污染，或由于剧烈晃动致使血清样品溶血等情况，导致送检血清样品不合格，影响抗体检测结果。

（2）血清采集时间 采集牛血清时应使牛只禁食 12 小时，可饮少量水。规模牛场采样时，同一规模场尽量采集末次免疫后 1 个月的牛只，如采样动物为不同日龄，须在抽样单有关样品信息栏中分栏填写。

（3）血清送检时间 血清采集后应立即送往实验室检测，若无法立即送检，可存放于 $2\sim8\ ℃$，不得超过 2 周。若需长时间保存，应放置于−20 ℃贮存。

2. 检测方法不正确

检测方法正确与否决定是否可以准确地检出血清中相关疾病抗体水平。各类疾病抗体检测方法不同，且判定标准也不同。

抗体检测方法选择错误或检测过程中操作不当，会导致无法检出结果或结果不正确。

3. 检测方案不合理

在抗体检测工作开展前，应根据牛场实际情况制定相应的检测方案。应先确定检测范围、检测时间、检测数量、检测方法、结果判定标准等方案内容。以口蹄疫抗体检测方案为例：

（1）检测范围　对不同日龄的牛只进行口蹄疫检测，规模化养殖场、种畜场及发生过疫情的地区。

（2）检测时间　可根据养殖场实际情况安排，全年可进行 2 次集中检测，如 5 月底和 10 月底前完成，发现可疑病例可随时采样、随时检测。

（3）检测数量　规模化养殖场应以存栏量的 1% 采集血清样品，每场不少于 10 头份。散养户根据实际饲养数的 10% 采集血清样品，每户不少于 5 头份。

（4）检测方法　O 型口蹄疫：正向间接血凝试验、液相阻断ELISA。使用合成肽疫苗免疫的，采用 VP_1 结构蛋白 ELISA 进行检测。亚洲 1 型和 A 型口蹄疫使用液相阻断 ELISA 检测。

（5）判定标准　正向间接血凝试验，抗体效价≥25 为免疫合格。液相阻断 ELISA，抗体效价≥26 为免疫合格。VP_1 结构蛋白抗体 ELISA，抗体效价≥25 为免疫合格。

（6）检测结果处理　免疫抗体合格率低于 70% 的，要分析原因并及时进行补免。

各类疾病的抗体检测方案不同，应根据实际情况科学、合理制定检测方案，检测方案制定不当会导致无法判定检测结果或检测结果不准确。

参考文献
Reference

陈雄柏．2011．规模化奶牛场管理存在的问题及合理化建议．草食动物
　（3）：39．

丁伯良，冯建忠，张国伟．2011．奶牛乳房炎．北京：中国农业出版社．

冯万宇，王岩，史同瑞，等．2010．生物制剂在奶牛乳房炎防治中的应用，
　29（4）：31－36．

侯喜林，朴范泽．2006．我国牛主要传染病的流行特点、现状及防控对策．中
　国家畜传染病学会第六届理事会第二次会议论文．

李胜利，苏华维，王立斌，等．2012．规模奶牛场标准化饲养关键技术研究．
　中国畜牧兽医学会养牛学分会2011年学术研讨会论文集：169－178．

李淑娜，蒋文灿，郑维维，等．2008．抗独特型疫苗在兽医领域的研究进展．
　动物医学进展，29（2）：61－63．

李万年．2014．畜禽养殖场消毒的误区．农业与技术，34（2）：164

廖陶雪，方炳虎，罗满林．2010．兽医常用消毒药及其合理运用．广东奶业
　（4）23－29．

苗旭，冯霞霞．2014．畜禽养殖场消毒技术．畜牧兽医杂志，33（2）：94－96．

朴范泽，夏成．2011．当前牛病的发生特点和流行趋势．兽医导刊（2）：
　33－35．

朴范泽．2009．兽医全攻略：牛病．北京：中国农业出版社．

祁茹，肖宇，林英庭，等．2011．微生态制剂及其在奶牛生产中的应用（19）：
　17－21．

沈名灿，罗佳捷，张彬．2014．中草药制剂在奶牛生产中的应用研究．动物营
　养（5）：25－27．

单虎，李明义，沈志强．2011．现代兽医兽药大全：动物生物制品．北京：中
　国农业出版社．

王春璇．2013．奶牛疾病防控治疗学．北京：中国农业出版社．

王红梅，王梦艳．2010．奶牛场防疫存在的主要问题及关键措施，31（5）：22－23．

王慧慧，时坤，于本峰，等．2010．牛病毒性腹泻疫苗的研究进展．动物经济学报，1（14）：59－62．

王玲，李宏胜，陈灵然，等．2011．细胞因子在奶牛乳房炎生物学防治中的应用．中国畜牧兽医，38（12）：173－177．

王文丹，宋晓雯，王利华．2014．微生态制剂在奶牛生产上的应用．中国草食动物科学，34（2）：50－52．

肖定汉．2003．奶牛疾病防治．北京：金盾出版社．

熊小娟，杨天烈．2012．兽用疫苗使用技术要点．畜牧科技（2）：51－52．

徐海波，朱明艳．2011．常用场地消毒剂的使用及注意事项．畜牧兽医科技信息（5）：34－35．

闫红军，杨和平，任建存．2013．规模化牛场粪污的处理方法与技术．家畜生态学报，34（4）：69－71．

杨清林．2013．规模肉牛场疫病防控体系的构建．河南畜牧兽医，10（34）：41－42．

张德显，李继昌，王克祥，等．2009．微生态制剂的研究进展及其在奶牛生产上的应用．动物营养与饲料科学，36（7）：30－32．

张军民．2010．奶牛良好农业规范生产技术指南．北京：中国标准出版社．

张明峰，张喆．2010．规模化养牛场疫病防治存在的问题与对策．中国牛业科学，36（3）：39－42．

张明峰．2010．规模化养牛场疫病防治存在的问题与对策．中国牛业科学，36（3）：39－42．

张宇峰，陈志英．2014．哈尔滨市奶牛规模化养殖问题及对策．商业经济（1）：10－12．

张振兴，姜平．2010．兽医消毒学．北京：中国农业出版社．

Anaplasmosis. 1998. In Merck Veterinary Manual，National Publishing Inc. Eight ed，Philadelphia：21－23.

Aziz－Boaron O，Leibovitz K，Gelman B，et al. 2013. Safety，immunogenicity and duration of immunity elicited by an inactivated bovine ephemeral fever vaccine，8（12）：1－9.

Bokori－Brown M，Hall CA，Vance C，et al. 2014. Clostridium perfringens epsilon toxin mutant Y30A – Y196A as a recombinant vaccine candidate against enterotoxemia. Vaccine, 32 (23): 2682 – 2687.

EDQM. 2005. Bovine parainfluenza virus vaccine (live), freeze – dried. European Pharmacopoeia, 5. 0. 732.

EDQM. 2005. Bovine respiratory synctialvirus vaccine (live), freeze – dried. European Pharmacopoeia, 5. 0. 733.

Guiqing Peng, Liqing Xu, Yi – Lun Lin, et al. 2012. Crystal Structure of Bovine Coronavirus Spike Protein Lectin Domain. J Biol Chem, 287 (50): 41931 –41938.

Habibi G. 2012. Phylogenetic Analysis of Theileria annulata Infected Cell Line S15 Iran Vaccine Strain. Iran J Parasitol, 7 (2): 73 – 81.

Jin Cui, Xinliang Fu, Jiexiong Xie, et al. 2014. Critical role of cellular cholesterol in bovine rotavirus infection. Virol J, 11: 98.

Jun – Gyu Park, Hyun – Jeong Kim, Jelle Matthijnssens, et al. 2013. Different virulence of porcine and porcine – like bovine rotavirus strains with genetically nearly identical genomes in piglets and calves. Vet Res, 44 (1): 88.

Kamaraj G, Chinchkar SR, Rajendra L, et al. 2009. A combined vaccine against Brucella abortus and infectious bovine rhinotracheitis. Indian J Microbiol, 49 (2): 161 – 168.

Loy JD, Gander J, Mogler M, et al. 2013. Development and evaluation of a replicon particle vaccine expressing the E2 glycoprotein of Bovine Viral Diarrhea Virus (BVDV) in cattle. Virol J. , 28: 10 – 35.

Ohkura T, Kokuho T, Konishi M, et al. 2013. Complete Genome Sequences of Bovine Parainfluenza Virus Type 3 Strain BN – 1 and VaccineStrain BN – CE. Genome Announc, 1 (1): 12.

Pacheco WA, Genovez ME, Pozzi CR, et al. 2012. Excretion of Brucella abortus vaccine B19 strain during a reproductive cycle in dairy. Braz J Microbiol, 43 (2): 594 – 601.

Robert W, Fulton, Douglas L Step, et al. 2011. Bovine coronavirus (BCV) infections in transported commingled beef cattle and sole – source ranch calves. Can J Vet Res, 75 (3): 191 – 199.

Singh S, Singh VP, Cheema PS, et al. 2011. Immune response to DNA vaccine expressing transferring binding protein a gene of Pasteurella multocida. Braz J Microbiol，42（2）：750 - 760.

Stiles BG，Barth G，Barth H，et al. 2013. Clostridium perfringens epsilon toxin：a malevolent molecule for animals and man? . Toxins（Basel），5（11）：2138 - 2160.

Ullah H，Siddique MA，Sultana M，et al. 2014. Complete Genome Sequence of Foot - and - Mouth Disease Virus Type A Circulating in Bangladesh. Genome Announc，2（3）：1.

图书在版编目（CIP）数据

奶牛场消毒与疫苗使用技术 / 朴范泽，周玉龙主编．
—北京：中国农业出版社，2016.1
（现代养殖场疫病综合防控技术丛书）
ISBN 978-7-109-20589-5

Ⅰ.①奶…　Ⅱ.①朴…②周…　Ⅲ.①乳牛场-消毒
②乳牛-牛病-疫苗-用药法　Ⅳ.①S858.23

中国版本图书馆 CIP 数据核字（2015）第 137092 号

中国农业出版社出版
（北京市朝阳区麦子店街 18 号楼）
（邮政编码 100125）
策划编辑　王森鹤

中国农业出版社印刷厂印刷　　新华书店北京发行所发行
2016 年 3 月第 1 版　　2016 年 3 月北京第 1 次印刷

开本：880mm×1230mm　1/32　印张：4.375
字数：108 千字
定价：14.00 元
（凡本版图书出现印刷、装订错误，请向出版社发行部调换）